面向时空序列变形数据的高斯过程智能分析方法

王建民　著

中国矿业大学出版社
·徐州·

内容提要

多传感器集成系统获取的数据主要有反映变形位移的几何数据、触发变形的物理量以及外界环境因素，呈现出高精度、实时、动态和连续的特点。与其他监测系统相比，这类监测系统的时空采样率大大提高，逐渐累积形成多源时空序列大数据集，蕴藏着丰富的变形信息，而传统的变形分析方法无法在线实时分析数据，不能满足这类监测系统的需求。本书面向多源时空序列数据集，将高斯过程智能机器学习和现代测量数据处理进行学科交叉融合，就变形监测数据中的异常值提取、监测数据时空插值、变形智能分析和预测、变形区域局部稳定性分析等相关理论方法展开论述，并结合工程监测案例进行分析研究。

本书可供从事变形监测、环境灾害监测、机器学习等相关学科的科研人员、高校教师和研究生参考。

图书在版编目(CIP)数据

面向时空序列变形数据的高斯过程智能分析方法/王建民著. —徐州：中国矿业大学出版社，2024.5

ISBN 978-7-5646-5192-3

Ⅰ.①面… Ⅱ.①王… Ⅲ.①智能技术—应用—矿山—岩层移动—变形观测—研究 Ⅳ.①TD325-39

中国版本图书馆CIP数据核字(2021)第223890号

书　　名　面向时空序列变形数据的高斯过程智能分析方法
著　　者　王建民
责任编辑　何　戈
出版发行　中国矿业大学出版社有限责任公司
(江苏省徐州市解放南路　邮编221008)
营销热线　(0516)83885370　83884103
出版服务　(0516)83995789　83884920
网　　址　http://www.cumtp.com　**E-mail**：cumtpvip@cumtp.com
印　　刷　广东虎彩云印刷有限公司
开　　本　787 mm×1092 mm　1/16　**印张** 12.5　**字数** 244千字
版次印次　2024年5月第1版　2024年5月第1次印刷
定　　价　55.00元
(图书出现印装质量问题，本社负责调换)

前　言

长期以来，人类经常受到各种灾害的严重危害。人工建（构）筑物或一定范围内的岩土体在灾变破坏的内因聚集到一定程度的时候，通常在外因（如地震或降雨）的诱因下触发崩塌、滑移一类的常见灾害。就此类灾害的防治已有多个学科从不同的视角开展了科学研究，例如工程地质、岩石力学、开采沉陷、数值模拟等专业侧重于从物理上解释触发灾变发生的机理。实践证明，此类灾害在孕育过程中，必然会发生变形，从变形监测的视角来看，现代传感器技术能够采集几何位移、物理属性和环境变化等类型数据，从不同侧面反映了灾变的内在联系和特征，然后应用变形分析的手段来研究孕育灾害的规律和所处状态，并对灾变进行预测预报，同时能够反演、佐证变形机理。变形监测是对此类灾害进行防治、预测和预报的有效手段，同时也是环境保护和社会可持续发展的重要保障。

随着传感器、无线通信、物联网等技术的快速发展，变形监测越来越趋向于自动化、智能化，集成多传感器的自动化监测系统在区域性变形监测和工程变形监测中得到了广泛的应用。相比传统的监测技术，多传感器集成监测系统获取的数据类型丰富，既有反映变形位移的几何数据，也有触发变形的物理量（如应力、应变），还有影响变形的环境因素，呈现出高精度、实时、动态和连续的特点。这类系统的出现使得时空采样率大大提高，逐渐累积形成多源时空序列大数据集，蕴藏着丰富的变形信息，经典的变形分析方法已不能完全满足这类监测系统的需求。研究新的变形分析方法以便快速而有效地分析其中的变形特征和规律，是目前迫切需要解决的问题，这对变形分析提出了更高的要求，需要在已有理论基础上开展新方法的探索和研究。

随着信息科学、人工智能等新兴学科的发展，近几年颇受关注的智能机器学习法逐渐引起了地球科学领域的重视，将智能机器学习与灾害识别分析进行学科交叉研究，为灾害监测预防提供了全新的思路和方法。

本书就是在社会发展需求和新技术应用的背景下，将新的机器学习方法，即高斯过程，扩展到变形分析中进行学科交叉研究，针对变形分析这一古老而永恒的课题，挖掘新思路，提炼新问题，开拓新方法。由于变形监测的对象众多，变形机理及特点差异较大，本书以原位地学传感器集成的地学传感网自动化监测系统为应用背景，面向多源时空数据集，将空间数据分析与机器学习进行交叉融通，主旨是借助机器学习（高斯过程）的优势实现多源时空数据融合计算，精准提取灾变信息，分析变形规律，提高预测预报的可靠性。旨在通过学科间的交叉融通，构建一种具有普适性的基于高斯过程的变形分析理论体系。其成果为由变形引发的灾害进行防治、预测和预报提供科学依据，并将其用于工程实践中进行检验，为工程设计参数验证和安全评价提供技术指导；同时将研究成果结合5G传感网和Sensor Web技术应用于其他环境灾害监测，实现智能化实时监测无疑具有重要的科学意义和应用前景。

本书凝聚了作者多年来从事时空数据处理的研究成果，同时也融合了企事业单位科研项目的研究成果，是在山西省自然科学基金

(202203021211172)和华电煤业 2023 科技项目(CHDKJ22—02—37)共同资助下完成的,其中内蒙古蒙泰不连沟煤业有限责任公司的兰天龙、孙兴宇、周迎春等在项目实施技术上给予了极大的支持,做出了重要贡献,在此向资助单位及项目参与人员致以最诚挚的谢意!另外,在撰写过程中得到了成都理工大学赵建军教授的热心帮助,硕士研究生王盼婷、史振泽对文中的插图、公式和文字进行整理和校对,在此深表感谢!同时,对本书引用的参考文献的作者表示真诚的感谢!

由于作者水平有限,疏漏和不足在所难免,敬请读者批评指正!

著 者

2023 年 12 月

目 录

第1章 绪　论

1.1 概述

近年来，传感器网络技术已经在各行各业得到普遍的应用，传感器网络在地学与环境科学中的应用一般称为地学传感器网（GeoNetworks），是国内的“物联网”在地学领域的体现和应用，GeoNetworks 典型的应用场景是灾害监测和环境监测[1]。而且随着 5G 无线通信技术、时空大数据及其跨学科的研究和应用，以多传感器集成的自动化、智能化监测系统是今后灾害监测的主要发展方向[1-2]。

通常来说，GeoNetworks 主要以 GNSS、全自动测量机器人、自动沉降仪、三维激光扫描、地基雷达、倾斜仪、应力应变仪等测地型原位传感器及辅助传感器来完成区域性特定对象的监测[3]，主要针对人工建（构）筑物和一定范围内的岩土体在外界的诱因下引发的一类灾害，常用于地表沉陷、矿山边坡、自然滑坡、桥梁大坝及建（构）筑物等具体目标。此类灾害世界各地每年发生上万起，严重威胁着人类的生命财产安全。例如，2023 年 2 月内蒙古阿拉善左旗新井煤矿边坡崩塌造成了不可估量的损失。此类灾害在孕育过程中必然会发生变形。实践证明，变形监测是对此类灾害进行防治、预测和预报的有效手段，也是环境保护和社会可持续发展的重要保障[4-5]。

相比传统的监测技术，多传感器集成监测系统获取的数据类型丰富，既有反映变形位移的几何数据，也有触发变形的物理量（如应力应变），还有影响变形的环境因素，呈现出高精度、实时、动态和连续的特点[6-7]。这类系统的时空采样率大大提高，逐渐累积形成多源时空序列大数据集，蕴藏着丰富的变形信息，经典的变形分析方法已不能完全满足这类监测系统的需求。研究新的变形分析方法以便快速而有效地分析其中的变形特征和规律，是目前迫切需要解决的问题，这对变形分析提出了更高的要求，需要在已有理论基础上开展新的探索和研究。

本书就是在社会发展需求和新技术应用的背景下，面向时空序列数据集，将高斯过程机器学习法扩展到变形分析中进行学科交叉研究，针对变形分析这一古老而永恒的课题，构建一种新的变形分析方法，其成果为由变形引发的灾害进行防治、预测和预报提供科学依据；为工程设计参数验证和安全评价提供技术指导；同时将研究成果结合5G传感网和SensorWeb技术应用于其他环境灾害监测，实现智能化实时监测，这无疑具有重要的科学意义和应用前景！

1.2 变形监测的主要内容

变形监测数据可分为两种[8]：一种是在变形区域布设变形监测网进行周期性的观测，根据观测数据计算网点的位置坐标和高程，选择参考稳定点平差得到其他监测网点的位移；另一种是获取各监测点上的某一种特定的形成时空序列的监测数据，如监测点的三维位移量及与变形有关的其他量（气压、温度、湿度、应力、应变等），本书研究的变形监测数据属于时空序列数据。

一般来说，变形分析的大致过程是：排除异常数据的干扰；选择监测基准，应用平差理论估计出不同观测周期的变形模型参数（变形量）；对变形体（如边坡）随时间的变化特征进行几何分析；对变形体变形原因做出物理解释；利用变形趋势和变形规律进行预测预报。变形数据分析涉及的内容广泛，其中，监测基准和模型参数估计不是本书论述的范畴，仅作概述。

1.2.1 变形监测基准的选择

几何变形与监测基准的选择有很大的关系，如果所选的监测基准本身不统一，根据基准点获得的变形值不能反映变形体是否真的发生了变形。监测基准的选择是变形监测数据分析必须考虑的问题[4]。选择变形监测基准的传统方法是在监测区域内或监测区域附近找几个相对稳定的基准点，认为其高程和平面坐标不改变，其他的监测点的变形是相对于基准点而言的。然而，有些环境不易在监测区域找到相对稳定的基准点，例如矿山企业的生产过程会影响基准点的稳定性，增加了基准误差，会直接影响变形分析结果的可靠性[9]，采用固定基准的监测方法不适用于矿区的变形监测。为此，在经典的固定平差基准上发展了秩亏自由网平差，秩亏自由网平差前后重心不改变，并且认为各参考点具有相同的稳定程度，后来周江文等[15]将参考点分为稳定点和不稳定点，提出了拟稳平差方法[10]。从数理统计角度分析，这两种方法实质上是对处理结果做出某种假设。有的学者将数理统计检验分析的方法应用于基准点的稳定性分析，主要分析结果是各个观测周期的空间状态，没有考虑各周期的空间状态间的联系。

几何大地测量的方法和经典平差理论解决了变形监测的基准和参数最优估计问题。空间信息技术的发展，特别是 GNSS 在变形监测中的广泛应用[11-17]，丰富了监测基准的内涵。肖杰[23]在其博士论文中，应用连续运行卫星定位综合服务系统(Continuous Operational Reference System，CORS)给出了矿山变形监测基准建立的方法和流程[18]，为构建自动化监测系统建立监测基准提供了可行的途径。

1.2.2 变形数据的可靠性分析

在灾害孕育的过程中，往往会伴有一些异常现象的产生，例如在矿山边坡发生整体崩塌之前，局部会有裂缝加长增宽、坍塌等异常现象的发生，变形监测的目的之一就是通过分析监测数据来发现潜在的异常，提前做出预测和预报。然而，由于种种原因而导致监测数据自身的质量不高，即数据本身发生异常，异常数据的存在必然会给数据分析带来困难，分析结果的可靠性难以保障，如果未能在数据处理过程中识别出这种异常，最终可能导致对灾害异常现象的错误判读。

监测区域发生滑动、变形必然会引发监测点位最终的改变，如果这种改变较大的话，很难判断是由监测到的“变形体异常”还是由其他因素导致观测数据自身质量不高所引起的异常。前者引起的异常称为“真异常”，而后者导致的异常称为“伪异常”。由于异常数据的存在，需要区别变形体是“真异常”还是“伪异常”。尽管文献[18]给出了人工判断“真异常”与“伪异常”的三条原则，但是变形体地质结构复杂，再加上外界环境的干扰，判断是“真异常”与“伪异常”具有一定的难度。例如，在矿山边坡变形自动化监测过程中，生产设备的运转、边坡的开挖等生产作业对监测系统有影响，而这种影响无规律可循，在极端情况下严重干扰监测系统，难免给正常的观测数据带来异常。另外，自动化监测系统需要进行连续性或周期性的观测，如果是原位监测系统，需要长期固定在特定的地点。白天可能是天气晴朗，夜间或许雷雨交加，外界环境不稳定带来的观测误差更加复杂，观测数据带有异常数据在所难免。如果使用受到“污染”的观测数据进行数据处理，会导致做出错误的判断，势必影响变形体真伪异常的识别。当今的灾害监测系统具有自动化、智能化、近实时的监测能力，显然这样的监测系统应具有智能化识别真伪异常的能力。

对监测数据进行可靠性分析的目的就是将“伪异常”探测出来，排除其对“真异常”识别的干扰。如果处理受异常值污染的监测数据，其结果会导致对灾害预测预报做出错误的判断。另外，灾害监测逐渐向自动化、智能化方向发展，其观测过程通常是周期性的或连续性的动态观测，并且监测数据的数据量也很大，这为有效探测异常观测数据增加了难度。

尽管科研人员研究了多种异常数据探测方法，但是在变形监测数据可靠性分析中，现有的方法多数是直接分析坐标序列，将变形数据序列看作信号，将各种误差看作干扰噪声，将原观测数据看作是信号和噪声的叠加，然后用小波分析对变形数据进行降噪处理[19-24]。如文献[18]应用数理统计分析方法和小波分析方法直接分析计算得到的坐标序列值对观测数据的质量进行分析，这类方法的共同特点是可以根据受异常观测数据的污染会导致坐标序列发生离群的特征来判读异常数据，通过分析数据来发现变形体是否发生了变形位移，如果是真的发生了变形会导致坐标序列产生离群的现象，显然用分析坐标序列呈现离群的特征来判读异常数据的存在是其不足的一面。另外，3σ准则是一种简单易算的方法，在变形数据异常检验中应用的很普遍[25-26]，然而该准则从理论上来说并不严密[27]。

总之，高质量的监测数据是变形监测数据分析结果准确和可靠的重要保障，监测数据质量的好坏将直接影响变形分析结果的有效性，对变形监测数据进行可靠性分析和质量控制是变形数据分析的重要环节和组成部分。

1.2.3 变形分析与预测模型

监测基准和平差理论构成了变形分析的基础理论，同时变形分析方法也得以发展。变形分析经过多年的研究和发展，尽管取得丰硕的成果，由于变形的不确定性和错综复杂性，而诞生了多种变形分析的理论和方法，主要有描述空间状态变化的几何模型，分析引起变形机理的物理模型，以及二者相结合的混合模型。

物理模型主要以有限元分析法为代表的确定函数法[28]和以回归分析[29-30]为代表的统计分析法,确定函数法具有“先验”的性质,比统计模型有更明确的物理概念,但往往计算工作量大,对用于计算的参数难以准确获取[4],主要用于变形的物理模拟和参数反演。由于引起变形的原因十分复杂,一般来说与变形体自身的物理特性、力学性质、地质条件和外界环境等诸多因素有关,还有许多不确定和非线性的因素掺杂在一起并相互作用形成复杂的动力学特性,目前确定描述变形过程的动力学方程中的诸多几何及力学参数仍然十分困难,建立的物理模型总的来说是比较模糊的[31]。

几何模型相比物理模型而言更具有普适性和一般性,其理论研究成果丰富,在工程实践中应用较多。几何变形分析主要是确定变形量的大小、方向及动态变化特征,用到的方法主要有统计检验、回归分析、相关分析、时间序列分析,以确定变形体的变形趋势和规律;进一步对变形体的变形特征进行分析,如应用线性模型、非线性模型及人工智能模型等模型对变形体的变形特征进行分析。

(1) 线性理论

在自动化变形监测系统中,监测数据缺失是不可避免的,此时可利用插值方法来估计缺失数据,如果监测点的数量有限,构建监测区域连续的变形趋势面模型也会用到插值方法[32-33]。现有的时间序列数据插值方法往往将时空域分开来单独进行插值,单独插值会造成大量有价值的信息丢失,导致监测数据的插值精度不够高,需要从时空联合的角度对监测数据进行分析。

其中 Kriging(克里金)空间插值方法已应用于众多学科,因变形监测是一时空过程,已有学者开始将 Kriging 空间插值扩展到时空域进行时空联合插值。例如:刘志平等[34]应用 Kriging 空间插值研究高边坡处于不同季节的变形速率,只是将区域变化量与时间关联,弱化了时空关联性;文献[35]应用 Kriging 空间插值方法对滑坡危险性区划进行了研究,没有关联历史观测数据;文献[36]将空间与时间距离合并计算,没有真正构建时空变异函数;文献[37]将空间 Kriging 插值扩展到时空域实现 Kriging 时空联合插值并将其应用于边坡整体稳定性进行过探索性的研究。只有在时空域上构建时空变异函数,研究时空区域变化量的时空分布特征,才能实现 Kriging 时空插值[38-39]。

回归模型是通过分析观测量和引起变形的机理的相关性，建立荷载与变形之间的相关关系。到目前为止，回归统计分析法仍然是变形预测的主要方法，应用多元回归分析法建立变形与变形因子之间的函数关系然后进行定量预报，常用于大坝变形预测[40-42]、建筑物变形预测[43-44]、隧道围岩变形预测[45-46]、边坡变形预测[29,47-48]等。回归分析确定影响变形的因子有时只能推断并且有的因子不可测，使得回归分析在有限的条件下受到限制[4]。然而，随着新型传感器的出现，过去难以量测的因子甚至深部位移也能够实时获取。因此，回归分析法仍将是变形分析的主要方法，结合多源时空序列数据，开展灾害监测新技术、新理论的研究和应用，仍有很大的发展空间。

随着传感器技术在变形监测系统中的应用和科学研究的发展，人们逐渐认识到变形监测是随着时间或空间连续变化的一个时空动态过程，监测数据具有明显的时间序列特征和空间地域特征，不同于经典静态测量中的随机变量，而是一个随时间演化的随机时间序列过程。无论是按时间序列排列的观测数据还是按空间位置顺序排列的观测数据，数据之间都或多或少地存在统计自相关现象[54]。为此许多学者在研究变形监测过程时开始专注于时序观测数据的动态模型研究。常用于变形监测数据分析与处理的经典的回归分析法是假设监测数据在统计上互不相关或独立，它是一种静态数据处理方法，而用于分析处理动态数据的时间序列分析法则考虑了观测数据的时间顺序及相邻观测数据的相关性，未来的情况可由历史数据来预测推断。时间序列分析就是根据这些序列，通过曲线拟合和参数估计来建立数学模型。时间序列分析法是一类常用的动态数据分析方法。

时间序列分析法的特点在于时序观测数据具有自相关性，由历史观测数据来预测未来数据的发展趋势，动态现象的动态特征可以利用观测数据之间的自相关性建立内在的数学统计模型来加以描述。时间序列分析法用于变形分析时不需要了解变形体的复杂的动力学过程，避免了应用力学方法难以确定岩土体本构模型等难题[50]，在实际应用中计算方便，容易实现，可操作性强，在变形分析和预测中取得了比较理想的效果。

自回归滑动平均模型[Autoregressive Move Average Model，ARMA(n，m)]是在线性回归模型的基础上发展而来的，是时间序列分析中具有代表性的一类线性模型，它能够揭示数据自身所蕴含的结构与规律以便预测时序的未来值。尹晖[49]在其专著中较系统地介绍了ARMA(n,m)模型的建模方法，并应用于长江三峡链子崖变形预测，取得了预期效果。当滑动平均参数为零时，ARMA(n,m)转换为自回归模型[Autoregressive Model，AR(p)]，这两种模型在变形监测数据分析和预测中得到成功应用[51-53]。

自动化监测系统需要对监测数据具有实时或近实时处理的能力，而且变形监测是一个动态过程，对动态系统进行实时数据处理的有效方法中，我们不得不提 Kalman(卡尔曼)滤波技术。Kalman 滤波器是以最小均方误差为估计准则的最优线性滤波器，Kalman 滤波是利用一组状态方程和观测方程对动态系统进行描述，其最大的特点是无须存储历史数据，利用前一时刻的估计值和当前时刻的观测值来更新对状态变量的估计。因此，Kalman 滤波在变形监测中的应用较为广泛，文献[54-55]用 Kalman 滤波技术分析 GPS 监测数据在矿山地表变形监测中实现动态跟踪。Kalman 滤波理论假设系统模型是确定已知的，但这在实际应用中是不可能发生的，会使 Kalman 滤波存在发散[56]，针对发散许多学者做了改进，如采用平方根滤波[57]、衰减记忆滤波[56]、自适应 Kalman 滤波[58-59]等改进方法。

经典的回归分析、时间序列分析方法和标准 Kalman 滤波技术都是线性模型，都有其严格的理论假设。时间序列分析是以平稳性假设为前提的，要求时间序列的均值为常数且自相关函数与时间间隔有关，而与时间起点无关，因此，对时间序列数据进行建模之前需要对数据进行预处理，使得非平稳序列平稳化。Kalman 滤波的动态噪声和观测噪声尽量是高斯零均值白噪声，且状态方程和观测方程是线性的，即使是建立了非线性模型有时也需要转换为线性模型进行处理。

由于引起变形的原因复杂，有许多不确定和非线性的因素掺杂在一起并相互作用形成复杂的动力学特性，许多工程实践中的时间序列数据经常表现出较明显的非线性特征，例如边坡的位移变形进入加速期，则其变形值时间序列多数情况下会表现出较显著的非线性特点。线性模型一般都有其严格的理论假设，大量的工程实践证实，变形监测更多的时候表现出很明显的非线性特征。另外，确定影响变形的因素也是一个难点，欲通过线性模型较精确地解决非线性问题，难免存在诸多挑战。

(2) 非线性理论

试图用线性模型描述其变形趋势和规律，最终的结果可能与真实的状态发生偏离。为此科研人员发展了变形分析的非线性理论，其中以GM(1,1)[60]、突变理论[61]、混沌理论[62]和小波分析[63]等非线性时间序列在变形分析中应用得较为普遍。

灰色预测 GM(1,1)是灰色理论中的重要内容，自邓聚龙教授于 1982 年提出以来得到广泛应用，诞生了大量的成果，在变形监测数据分析中也有许多应用案例，如用于建筑物沉降预测[60]、边坡变形预测[64-66]。用 GM(1,1)模型预测获得较高精度的必要条件是数据非负、等时距和单调性，实际观测数据序列有时不能完全满足三个条件，致使 GM(1,1)预测误差大。许多学者做了大量的改进，如提出最优初始条件法、残差修正法[66]、背景值改进法[67]等，并取得了显著的效果，这些方法大多是以灰色微分拟合法为基础附加的额外算法，所以计算复杂，计算工作量大。

突变理论着重研究某些变量的连续变化最终导致系统不连续突变现象，适用于系统内部结构不清楚的对象，自然界的边坡(滑坡)从初始变形到整体崩塌符合突变理论描述的现象，因此，有学者用突变理论研究边坡变形问题[61,68]。应用突变理论需要将模糊数学、概率论、群论和现代计算机技术相结合，但在应用中有些问题有待解决，如临界区域边界难以确定，难以确定系统的状态变量和控制变量。

变形体发生变形的过程中，往往表现出一些混沌现象，用单纯的数学模型对其行径难以预测，有的学者开始专注于变形监测领域的混沌动力学研究[69-70]，通过应用混沌理论中的相空间重构技术，把变形监测时间序列嵌入重构的相空间，并借助于分形理论和符号动力学，在相空间中揭示出变形动力系统复杂的运动特征[69]。利用混沌理论来对动态变形系统进行分析，首先要对变形体变形运动的混沌特征进行识别，然后利用功率谱法、相图法在时域中揭示出混沌信号的特殊空间结构或频率特性，混沌理论计算涉及的参数多，计算也相对复杂。突变理论和混沌理论应用于长序列、数据量大的自动化、实时化监测系统还有待进一步的研究。

(3) 人工智能方法

在非线性和不连续问题的理论研究方面有一种越来越复杂而难以实际应用的趋势[71]。随着信息科学、机器学习等新兴学科的发展，人工智能和机器学习理论逐渐引起了工程学界的重视，近几年颇受关注的智能数据处理方法开始在变形监测数据分析与处理中得到应用和发展，将智能机器学习与变形分析进行学科交叉研究，为变形分析提供了全新的思路和方法。

目前,应用于变形分析的机器学习方法主要代表是神经网络[63,72]和支持向量机[73-74](Support Vector Machine,SVM)。许多学者发现了利用这些方法的优点——具有分布存储、并行处理、自学习、自组织以及非线性映射等优点,由这些方法与其他技术的结合形成的混合方法和混合系统也有许多研究应用案例[74-77]。将智能机器学习方法引入变形分析进行学科交叉研究,能够较好地解决变形监测中变形机理模糊、非线性系统处理等复杂问题。

每种智能机器学习法均有其各自的优缺点和适用性。SVM 对缺失数据敏感,而变形监测过程中缺失数据是不可避免的[78],同时 SVM 存在如何选取合适的惩罚项来防止过拟合,如何确定核函数参数以及如何定量评价预测输出等问题。神经网络需要大量的参数,网络拓扑结构的选择、初始权值和阈值的确定、输出成果有时难以解释,这些因素会影响到结果的可信度。SVM 和神经网络都是利用浅层结构来处理数据,目前以卷积神经网络(Convolutional Neural Networks,CNN)为代表的火热的深度学习相较于浅层学习有多层隐层,特别适合于具备大数据特征的数据分析和处理,因而在自然语言和自然图像以及计算机视觉等方面取得成功[79]。有人试验将深度学习用于特征明显但样本有限的数据集上进行训练,其输出的结果还不如简单的线性回归,深度学习脱离了复杂场景下的大数据的支撑,训练效果不见得理想。

最近几年,一种称为高斯过程(Gaussian Processes,GP)的新的智能机器学习方法在国外发展很快。GP 综合了多种学科进行交叉研究,其应用领域十分广泛,例如有学者应用 GP 进行肿瘤诊断[80]。GP 包括高斯过程回归(Gaussian Processes Regression,GPR)和高斯过程分类(Gaussian Processes Classification,GPC),主要用于解决回归和分类问题。

GPR 相较于 SVM 和 BP 神经网络有其独特的优点,在众多学者的研究推动下,基本上形成了标准的理论体系,已取得了许多研究成果,在环境监测[81]、滑坡监测[82]甚至医学领域中得到重视,已有学者证实 GPR 处理非平稳时间序列有很好的适应能力,GPR 可直接分析非平稳时间序列数据[83],文献[84]给出了 GPR 一维时间序列大数据集快速建模方法,文献[85]对比了 GPR 和 BP 神经网络在时间序列分析中的预测效果,认为 GPR 较 BP 神经网络更适用于非平稳序列的情况。

GP 是近几年发展起来的一种新的智能机器学习法,已经开始在遥感影像分类中得到应用[86-87]，但应用于变形数据分析和预测的研究相对较少。国内已有学者开始应用 GPR 对地下工程岩体非线性行为和隧道围岩变形进行过研究[88-89]，对边坡可靠度和预测[90-91]也有研究。这些成果多数以 GPR 自带的基本核函数为基础开展应用研究，主要面向单个点的时间序列分析，没有进行整体分析。GPR 用于变形分析时对于“最佳训练样本集的优化”“样本和超参数协同更新”“全局最优超参数快速求解”等问题有待深入研究，而这些问题又是 GPR 进行变形分析面临的基本问题。将 GPR 扩展到变形监测领域进行学科交叉研究，面向多源时空序列数据，解决其面临的关键问题，才能够较好地解决变形机理模糊、非线性系统处理等复杂问题。

GP 本身综合了多种学科进行交叉研究，是通过贝叶斯推理对模型做出优化选择，对样本的数量要求并不苛刻，对处理高维数、非平稳、非线性等复杂问题具有很好的适应性，且泛化能力强。与 BP 神经网络、SVM 相比，GPR 具有容易实现、超参数自适应获取、非参数推断灵活以及输出具有概率意义等优点[92-93]。但是目前的 GP 模型仍有一些不足，如处理大数据的计算效率低、实时计算能力差、高斯分布假设单一等，这些问题在一些研究中得到了改进，随着计算理论和统计学理论的不断发展，GP 模型也将不断完善和成熟，GP 的应用前景会更加广阔。

将前文提到的方法分门别类也不是件容易的事，这里大致按发展的方向、顺序将有代表性的方法进行了简单罗列，如图 1-1 所示，但这并不意味着新出现的方法好于经典理论，也不能否定线性理论的重要性，对于其他方法亦是如此。我们不能主观评价哪种方法好与不好，不同的方法有其不同的适用条件和理论假设，人工智能方法也不能绝对取代其他方法，要具体问题具体分析，灵活应用。

经过多年的发展，变形监测数据分析与处理理论和方法的研究取得丰硕的成果，在自动化、智能化监测系统发展趋势下，借用学科交叉互补优势，变形监测数据分析与处理理论仍然有很大的发展空间。

孙钧院士在 1998 年 11 月于上海召开的中国岩石力学与工程学会第五届学术大会上的报告《世纪之交的岩石力学研究》中指出：“科学发展到今天，将工程技术走与智能科学相交叉结合的路子来发展，就有可能产生一个飞跃，进而从根本上改变目前单纯依靠硬科学来解决工程问题的现状，这方面的前景是喜人的。”如今，人工智能已经渗入各行各业，在某些领域的研究和应用取得

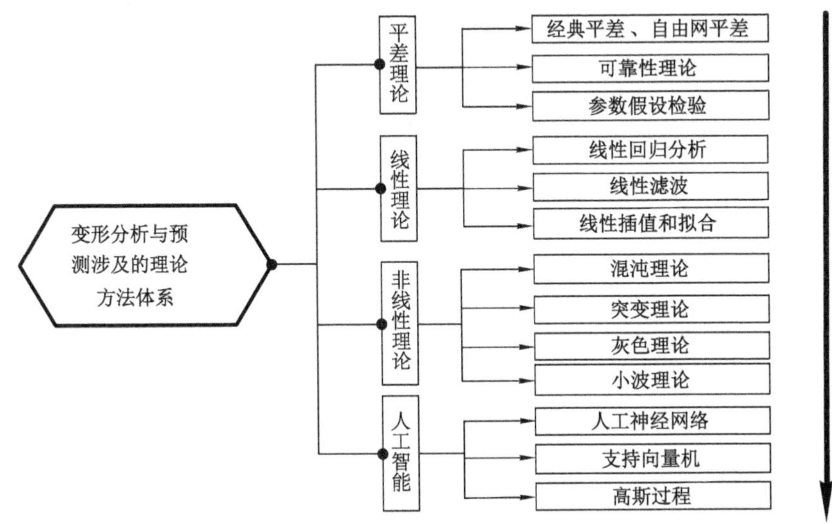

图 1-1 变形监测数据分析与预测常用方法

突破性的进展，人工智能测绘时代已经到来。

本书试图将 GP 这一新的智能机器学习方法应用于变形数据分析进行学科间交叉研究，建立新的变形分析理论和方法，并在工程实践中进行检验，持续地改进和完善所研究的理论和方法。

1.3 本书内容及结构

1.3.1 主要内容

考虑到自动化监测系统具有的特点，以及变形过程是一个复杂的非线性时空随机过程，针对存在的问题，本书首先研究了监测数据可靠性分析方法，然后将 GP 理论应用于变形监测数据分析中，借助于 GP 能够进行自学习、自适应、非线性的优点围绕“监测数据智能分析”这一主线展开论述，重点给出了以下几方面的内容：

(1) 多维异常数据自动定位算法与估值、修正方法

高质量的监测数据是变形监测数据处理准确和可靠的重要保障，为此需要研究多维异常数据自动探测算法与修正方法，通过该算法自动探测原观测

数据中的异常数据并形成定位矩阵；应用可靠性理论和最小二乘法研究异常值的估值和修正方法，以此来估算出异常值的大小并对原观测值加以修正。异常数据自动探测算法与修正方法主要应用于 GeoRobot（测量机器人）观测系统中异常数据定位与修正，同时利用该方法实现坐标系统可靠性参数求解。

（2）基于 GPR 的时空插值方法和动态变形趋势面模型的建立

连贯、可靠的监测数据是进行时间序列分析的前提，但由于一些不可抗拒因素的影响，自动化监测系统难免有缺失数据产生，如某个时间点的数据缺失，监测点有限的空间分辨率，这就需要用到插值方法进行数据插补。另外，构建监测区连续空间曲面也需要用到插值方法。为此，本书给出了 GPR 在时域和空域上的插值方法及 GPR 时空插值方法。在 GPR 时空插值的基础上，进一步给出了基于 GPR 时空插值的动态变形趋势面模型建模方法和流程，联合所有监测点从整体上分析变形区域的变形趋势和演化规律。

（3）基于 GPC 动态变形区域的时空特征分析

研究衡量监测点相对稳定状态的相对指标，据此来对监测点相对稳定性状态进行分级，并用绝对指标和相对指标对变形区域的三维时空位移特征进行分析。绝对指标和相对指标主要是对单个监测点变形状态进行独立分析，存在一定的局限性，而实际应用中通常需要面向所有监测点的相对指标或绝对指标，进而从整体上分析变形区域的变形特征。通过计算某一时刻所有监测点的相对指标，并对所有点的指标离群值进行识别和提取，对提取结果赋予 GPC 二元分类标志，然后利用 GPC 分类方法从整体上对变形区域进行局部稳定性分析。

（4）基于 GPC 的监测点非线性动态智能预测模型

GP 用于变形分析和处理，不是简单地照搬和套用，解决好以下两个问题才能更好地应用于工程实践。

① 选择与变形特点相吻合的核函数模型：GPR 用于非线性预测，其核函数对预测性能有很大影响，不同的核函数预测结果不完全相同，依据变形曲线呈现出的特点，研究了与曲线变形特点相吻合的核函数模型。

② 最佳训练样本集的选择与超参数动态更新：应用 GPR 进行变形数据分析时，如何确定初始训练样本集是一个关键因素，训练样本数量少达不到学习的效果，预测精度低，数量太多则会影响后续超参数的求解效率和预测效能。另外，随着时间的推移，新的观测数据与超参数的相关性会越来越

弱，预测精度会越来越低。为此，给出了最佳样本数量选择方法和超参数动态更新模式。

在上述问题得以解决的前提下，建立基于 GPR 的时间驱动智能预测模型和基于 GPR 的数据驱动智能预测模型。

(5) 基于 GP 的智能化变形分析理论在工程实践中的应用

将理论研究成果应用于工程实践，主要包括矿山边坡智能化变形分析和矿山输煤栈桥实时监测。

1.3.2 组织框架

本书主要讲述 GP 理论的变形智能分析方法及相应的工程应用，书中数据全部来自工程实践，本书的主体框架如图 1-2 所示。

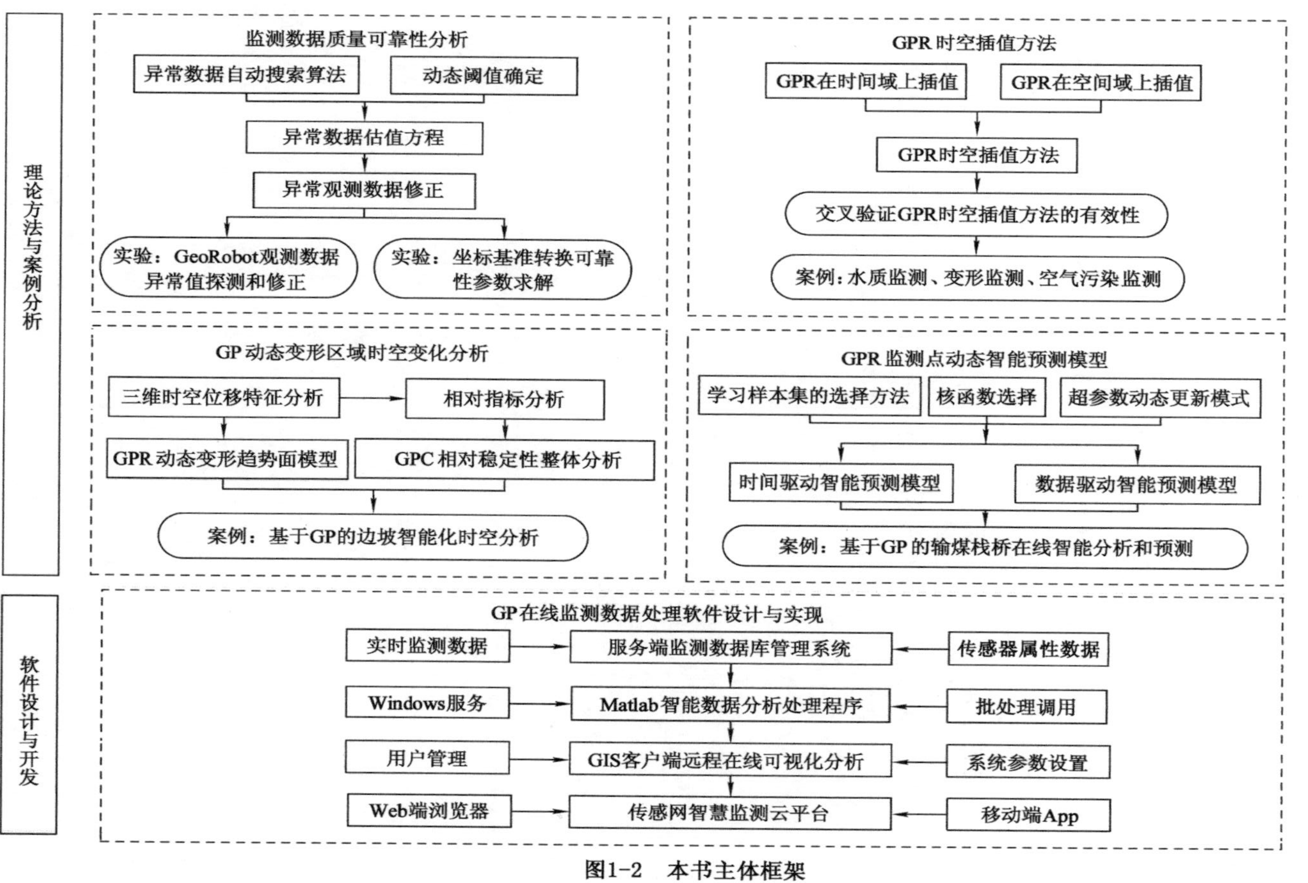
理论方法与案例分析
监测数据质量可靠性分析
异常数据自动搜索算法
动态阈值确定
异常数据估值方程
异常观测数据修正
实验：GeoRobot观测数据异常值探测和修正
实验：坐标基准转换可靠性参数求解
GPR 时空插值方法
GPR在时间域上插值
GPR在空间域上插值
GPR时空插值方法
交叉验证GPR时空插值方法的有效性
案例：水质监测、变形监测、空气污染监测
GP 动态变形区域时空变化分析
三维时空位移特征分析
相对指标分析
GPR 动态变形趋势面模型
GPC 相对稳定性整体分析
案例：基于GP的边坡智能化时空分析
GPR 监测点动态智能预测模型
学习样本集的选择方法
核函数选择
超参数动态更新模式
时间驱动智能预测模型
数据驱动智能预测模型
案例：基于GP 的输煤栈桥在线智能分析和预测
软件设计与开发
GP在线监测数据处理软件设计与实现
实时监测数据
服务端监测数据库管理系统
传感器属性数据
Windows服务
Matlab智能数据分析处理程序
批处理调用
用户管理
GIS客户端远程在线可视化分析
系统参数设置
Web端浏览器
传感网智慧监测云平台
移动端App
图1-2 本书主体框架

第2章　变形监测数据可靠性分析

2.1　概述

无论是传统的几何控制网还是自动化监测系统，只要观测过程存在，就会产生观测误差，观测误差是客观存在的。观测误差必然会对观测成果的质量产生影响。观测误差包含偶然误差、系统误差和粗差（异常值、奇异值、离群值）。

相对于系统误差和偶然误差，粗差对观测数据的质量影响更具隐蔽性和破坏性，粗差即为正常观测数据中的异常值，通常看作是大量级的偶然误差，具有一定的偶然性[94]。自从Baarda[95]于1968年提出数据探测法以来，对观测数据中异常数据的探测控制一直是测绘数据处理研究的一项重要内容。我国科学家欧吉坤、李德仁、杨元喜等人在可靠性理论方面做出了重要贡献，取得了很多成果，但仍然需要研究在平差过程中自动探测异常数据平差模型，这不仅是理论问题也是算法问题[96]。

按照可靠性理论的观点，可将异常数据纳入函数模型或随机模型进行检验，其中，函数模型中较为常见的数据探测法是运用最小二乘法（Least-Squares，LS）与假设检验相结合的方法来探测异常值[95,97-99]。如果观测值中仅包含一个异常值，数据探测法的成功率较高。但是观测值实际存在多少异常值事先并不确定，因为经LS平差后，残差受异常值的影响非常复杂，此时用残差构建统计量，即使不犯第二类错误也可能导致检验失败，这是LS结合假设检验探测异常值的不足之处[100]。

将粗差纳入随机模型研究，主要是选择适当的权函数式，再逐次平差使含有粗差的观测值权越来越小，从而削弱粗差的影响，其中调谐系数[101]是影响权函数有效性的一个重要参数，尽管有的权函数给出了推荐的调谐系数，但是在实际应用中还是需要进行调整才能得到一个理想的结果，这类方法统称为抗差估计法。其中，最为常用的是基于M估计的抗差估计法[102-105]。

变形监测对观测数据的可靠性要求高，可靠性高的监测数据是取得优良成果的重要保障，其中异常数据是影响观测数据质量的“源头”之一。本章主要对观测数据的可靠性进行分析，其研究对象不是坐标序列，而是直接面向原观测数据，提出的“完整搜索估计法”不同于常用于变形监测异常数据识别的3σ规则和小波分析法，也不同于常见的抗差估计法和数据探测法，尽管殊途同归，但出发点不同。

2.2 多维异常数据的定位和估值

2.2.1 异常数据搜索算法

异常观测数据的实质为偏离正常模式的较大误差[106]，毋庸置疑，在进行LS平差之前，如果剔除异常观测值后求得的验后方差估值有显著减小，我们有理由怀疑这个观测值是异常观测值。异常观测值定位算法分为三个部分来完成，具体算法说明如下：

(1) 假设有n个观测值，在进行定位搜索异常观测值之前，先进行LS平差并估计验后方差$\hat{\sigma}_0^2$(下标0表示所有的观测值参与LS平差计算得到的验后方差)。

(2) 暂时将每个观测值看作是一个异常观测值(受粗差污染的观测值)，首先剔除第i个观测值L_i($i=1,2,\cdots,n$)，用剩余的观测数据再进行LS平差并计算每次平差后的验后方差$\hat{\sigma}_{(n-1,i)}^2$(下标$n-1$表示有$n-1$个观测值参与到LS平差，下标i表示后验方差是剔除了第i个观测值L_i计算的)，这样就会得到n个验后方差的估计值$[\hat{\sigma}_{(n-1,1)}^2, \hat{\sigma}_{(n-1,2)}^2, \cdots, \hat{\sigma}_{(n-1,n)}^2]$，然后找出$n$个验后方差中的最小值$\hat{\sigma}_{(n-1,j)}^2$($j$表示剔除$L_j$后计算的验后方差值最小)。经过$n$次搜索，每次搜索有$n-1$个观测数据参与计算，将该搜索过程称作为$n$次$n-1$维完整搜索，简称为$n-1$维完整搜索。经过$n-1$维完整搜索后，暂且把$L_j$看作是一个异常观测值，这里用定位矢量$\boldsymbol{E}_j$来表示$L_j$的位置：

$$\underset{n\times 1}{\boldsymbol{E}_j} = [0,0,\cdots,1,\cdots,0]^{\mathrm{T}}$$

$\boldsymbol{E}_j$是一个 $n\times 1$ 矢量，第 j 个元素设置为 1，表示 n 个观测值中异常数据的位置。

(3) 在完成 $n-1$ 维完整搜索后，确定了一个异常值的位置，观测值 L_j 不再参与后续的 LS 平差。接下来，在剩余的 $n-1$ 个观测值中执行 $n-2$ 维完整搜索，同样找出最小的验后方差 $\hat{\sigma}^2_{(n-2,k)}$，与最小验后方差对应的观测值 L_k 看作是异常观测值，其位置由另一个定位矢量 $\boldsymbol{E}_k$ 表示：

$$\underset{n\times 1}{\boldsymbol{E}_k} = [0,\cdots,0,1,\cdots,0]^{\mathrm{T}}$$

$\boldsymbol{E}_k$是一个 $n\times 1$ 矢量，第 k 个元素设置为 1，表示 n 个观测值中异常数据的位置。

如果完成了 m 个完整搜索，将会有 m 个定位矢量。每执行完成一个完整搜索后，需要确定下一个完整搜索是否继续，下文将讨论完整搜索结束的条件。

2.2.2　搜索算法的结束条件

假设经过 m 个完整搜索后，有 m 个观测值被确定为异常观测值，其中 $\hat{\sigma}^2_{[n-(m-1),j]}$ 是 $n-m+1$ 维完整搜索获得的最小验后方差，$\hat{\sigma}^2_{(n-m,k)}$ 是经过 $n-m$ 维完整搜索获得的最小验后方差。因为经 $n-m$ 维完整搜索后有更少的异常值，$\hat{\sigma}^2_{(n-m,k)}$ 相比 $\hat{\sigma}^2_{[n-(m-1),j]}$ 的值有所减小。

当执行完 $n-m$ 维完整搜索后，假设正好将全部的异常值搜索完成，此时 $\hat{\sigma}^2_{(n-m,k)}$ 和 $\hat{\sigma}^2_{[n-(m-1),j]}$ 相比会有显著的差异，认为搜索结束。因此，用两个相邻完整搜索的最小方差比来判断下一个完整搜索是否继续进行。

最小方差比定义为：

$$\rho_m = \begin{cases} \dfrac{\hat{\sigma}^2_{(n-m+1,j)}}{\hat{\sigma}^2_{(n-m,k)}} & m > 1 \\[2ex] \dfrac{\hat{\sigma}^2_0}{\hat{\sigma}^2_{(n-m,k)}} & m = 1 \end{cases} \tag{2-1}$$

式中　ρ_m——方差比率；

m——完整搜索个数。

每个完整搜索是一个独立的过程，使用 F 检验可检验两个独立抽样过程的方差是否有显著差异[108]，式(2-1)显然满足 F 检验的原理，F 检验的概率为：

$$P\{\rho_m > F_{a/2}(f_1, f_2)\} = a \tag{2-2}$$

式中　$f_1=r-m+1$；

$f_2=r-m, f_1-f_2=1$；

r——多余观测数；

P——事件发生的概率；

$a=0.05$——给定的显著水平；

f_1、f_2——自由度。

如果式(2-3)成立，则 $\hat{\sigma}^2_{[n-(m-1),j]}$ 和 $\hat{\sigma}^2_{(n-m,k)}$ 有显著的差异，现将部分 $F_{a/2}(f_1, f_2)$ 统计值列入表 2-1。

表 2-1　$F_{a/2}(f_1, f_2)$ 的统计值($a=0.05$)

f_1/f_2	$F_{a/2}$	f_1/f_2	$F_{a/2}$	f_1/f_2	$F_{a/2}$	f_1/f_2	$F_{a/2}$	f_1/f_2	$F_{a/2}$
4/3	9.1	9/8	3.3	14/13	2.6	19/18	2.1	60/59	1.5
5/4	6.3	10/9	3.0	15/14	2.5	20/19	2.0	70/69	1.5
6/5	5.0	11/10	2.9	16/15	2.4	30/29	1.8	80/79	1.5
7/6	4.2	12/11	2.8	17/16	2.3	40/39	1.7	90/89	1.4
8/7	3.7	13/12	2.7	18/17	2.2	50/49	1.6	100/99	1.4

$$\rho_m > F_{a/2}(f_1, f_2) \tag{2-3}$$

从表 2-1 中的值可以看出，当 $4 \leqslant f_1 < 10$ 时，F 的最大值是 9.1，F 的最小值是 3.3，F 值随着 f_1 的增加有较明显的差异；当 $10 \leqslant f_1 \leqslant 20$ 时，F 的最大值是 3.0，F 的最小值是 2.0，可用式(2-4)计算 F 的值：

$$F_{a/2}(f_1, f_2) = 4.0 - 0.1 \times f_1 \tag{2-4}$$

当 $f_1 > 20$ 时，F 值近似为 2.0。尽管 f_1 的值越来越大，但 F 值的变化越来越不明显，因此根据 f_1 的区间来定义 F_m，见式(2-5)。在实际计算时，

仅当 $f_1<10$ 时列举出 F_m 的值，其他值用式(2-5)计算，可以避免查表计算。

$$F_m=\begin{cases}F_{\alpha/2}(f_1,f_2) & f_1<10\\ 4.0-0.1\times f_1 & 10\leqslant f_1\leqslant 20\\ 2 & f_1>20\end{cases} \tag{2-5}$$

式中　F_m——$F_{\alpha/2}(f_1,f_2)$。

由平差基础理论可知，理论上多余观测数至少大于 1 才有可能定位粗差，如果经过 $r-1$ 个完整搜索后，式(2-6)仍然不成立，说明观测值中没有异常数据。

$$\rho_m>F_m \tag{2-6}$$

在实际应用中，异常观测值的个数并不能预先确定，完整搜索算法根据搜索的次数自动调整 F_m 的值。例如，当第一次执行搜索时，m 取 1，由式(2-5)计算 $F_m(m=1)$；如果方差比 $\rho_m<F_m(m=1)$，则执行第二次($m=2$)搜索，同样能够计算新的 $F_m(m=2)$；继续下一次完整搜索，直到 $\rho_m>F_m$，搜索结束。因此，F_m 可以看作判断搜索是否结束的动态阈值。

2.2.3　异常数据估值方程

线性高斯-马尔可夫模型仍然是工程应用中最为常见的模型之一[106-108]，其函数模型和随机模型表示为：

$$\boldsymbol{L}+\boldsymbol{\Delta}=\boldsymbol{B}\boldsymbol{X},\boldsymbol{D}=\sigma_0^2\boldsymbol{P}^{-1} \tag{2-7}$$

式中　$\boldsymbol{L}$——$n\times 1$ 的观测向量；

$\boldsymbol{B}$——$n\times t$ 的列满秩设计阵；

$\boldsymbol{X}$——$t\times 1$ 的参数向量；

$\boldsymbol{\Delta}$——观测误差向量；

$\boldsymbol{P}$——观测值的先验权阵，是 $n\times n$ 的对称正定阵；

σ_0^2——单位权方差因子。

式(2-7)仅仅是一个观测方程，为了求得状态参数向量，实际应用时需要将式(2-7)改写成误差方程：

$$\boldsymbol{V}=\boldsymbol{B}\hat{\boldsymbol{X}}-\boldsymbol{L} \tag{2-8}$$

式中　$\hat{\boldsymbol{X}}$——参数 $\boldsymbol{X}$ 的估计值；

$\boldsymbol{V}$——$n\times1$ 残差向量。

根据可靠性理论，容易证明残差和观测误差、观测值之间的关系[109]，可用矩阵的形式表示为：

$$\boldsymbol{V}=\boldsymbol{R\Delta} \tag{2-9}$$

$$\boldsymbol{V}=\boldsymbol{RL} \tag{2-10}$$

式中　$\boldsymbol{R}=\boldsymbol{I}-\boldsymbol{B}(\boldsymbol{B}^{\mathrm{T}}\boldsymbol{PB})^{-1}\boldsymbol{B}^{\mathrm{T}}\boldsymbol{P}$，$\boldsymbol{R}$ 是 $n\times n$ 可靠性矩阵也是幂等矩阵，$\boldsymbol{R}$ 仅与 $\boldsymbol{B}$ 和 $\boldsymbol{P}$ 有关。

经过异常值定位搜索后，可将观测误差分为两组，一组由带有异常值的观测误差组成，即异常组；另一组由不含有异常值的观测误差组成，即随机误差组。此时可将观测误差向量表示为：

$$\boldsymbol{\Delta}=\boldsymbol{\Delta}_{\varepsilon}+\boldsymbol{G\Delta}_{\mathrm{g}} \tag{2-11}$$

其中，$\underset{n\times m}{\boldsymbol{G}}=[\boldsymbol{E}_j,\boldsymbol{E}_k,\cdots,\boldsymbol{E}_m]=\begin{bmatrix}0&0&\cdots&0\\1&0&\cdots&0\\\vdots&\vdots&\ddots&\vdots\\0&1&\cdots&0\\0&0&\cdots&1\end{bmatrix}$，$\underset{n\times1}{\boldsymbol{\Delta}_{\varepsilon}}=\begin{bmatrix}\Delta_{\varepsilon_1}\\\Delta_{\varepsilon_2}\\\vdots\\\Delta_{\varepsilon_n}\end{bmatrix}$，$\underset{m\times1}{\boldsymbol{\Delta}_{\mathrm{g}}}=\begin{bmatrix}\Delta_{\mathrm{g}_1}\\\Delta_{\mathrm{g}_2}\\\vdots\\\Delta_{\mathrm{g}_m}\end{bmatrix}$

式中　$\boldsymbol{\Delta}_{\mathrm{g}}$——$m\times1$ 异常组矢量；

$\boldsymbol{\Delta}_{\varepsilon}$——$n\times1$ 随机误差组矢量；

$\boldsymbol{G}$——$n\times m$ 的矩阵，由每个定位矢量($\boldsymbol{E}$)组成，$\boldsymbol{G}$ 中的非零元素表示异常观测值的位置，因此把 $\boldsymbol{G}$ 命名为定位矩阵。

将式(2-11)代入式(2-9)得：

$$\boldsymbol{V}=\boldsymbol{R\Delta}=\boldsymbol{R\Delta}_{\varepsilon}+\boldsymbol{RG\Delta}_{\mathrm{g}}=\boldsymbol{V}_{\varepsilon}+\boldsymbol{RG\Delta}_{\mathrm{g}} \tag{2-12}$$

其中，$\boldsymbol{V}_{\varepsilon}=\boldsymbol{R\Delta}_{\varepsilon}$，式(2-12)改写为：

$$\boldsymbol{V}_{\varepsilon}=\boldsymbol{V}-\boldsymbol{RG\Delta}_{\mathrm{g}} \tag{2-13}$$

在 $\boldsymbol{V}_{\varepsilon}{}^{\mathrm{T}}\boldsymbol{V}_{\varepsilon}=\min$ 的条件下，求得异常值 $\boldsymbol{\Delta}_{\mathrm{g}}$ 的估计值为：

$$\hat{\boldsymbol{\Delta}}_{\mathrm{g}}=(\boldsymbol{G}^{\mathrm{T}}\boldsymbol{R}^2\boldsymbol{G})^{-1}\boldsymbol{G}^{\mathrm{T}}\boldsymbol{RV}=(\boldsymbol{G}^{\mathrm{T}}\boldsymbol{RG})^{-1}\boldsymbol{G}^{\mathrm{T}}\boldsymbol{RV} \tag{2-14}$$

式中　$\hat{\boldsymbol{\Delta}}_{\mathrm{g}}$——$\boldsymbol{\Delta}_{\mathrm{g}}$ 的估计值。

将式(2-10)代入式(2-14)得：

$$\hat{\boldsymbol{\Delta}}_{\mathrm{g}}=\boldsymbol{R}_{\mathrm{g}}^{-1}\boldsymbol{G}^{\mathrm{T}}\boldsymbol{R}^2\boldsymbol{L}=\boldsymbol{R}_{\mathrm{g}}^{-1}\boldsymbol{G}^{\mathrm{T}}\boldsymbol{RL} \tag{2-15}$$

式中，$\underset{m\times m}{\boldsymbol{R}_{g}}=\boldsymbol{G}^{\mathrm{T}}\boldsymbol{R}\boldsymbol{G}=\begin{bmatrix} r_{jj} & r_{jk} & \cdots & r_{jm} \\ r_{kj} & r_{kk} & \cdots & r_{km} \\ \vdots & \vdots & \ddots & \vdots \\ r_{mj} & r_{mk} & \cdots & r_{mm} \end{bmatrix}$，$\mathrm{rank}(\boldsymbol{R}_{g})=m$。

矩阵 $\boldsymbol{R}_g$ 的主对角元素正好是异常观测值的多余观测分量。直接将原观测值 $\boldsymbol{L}$ 和定位矩阵 $\boldsymbol{G}$ 代入式(2-15)即可估计 $\hat{\boldsymbol{\Delta}}_g$，本书将式(2-15)称为异常值的估值方程。既然能够估计出异常值的大小，定位矩阵 $\boldsymbol{G}$ 和 $\hat{\boldsymbol{\Delta}}_g$ 可用于修正异常观测值，修正方程为：

$$\bar{\boldsymbol{L}}=\boldsymbol{L}(\boldsymbol{I}-\boldsymbol{G}\boldsymbol{R}_{g}^{-1}\boldsymbol{G}^{\mathrm{T}}\boldsymbol{R}) \tag{2-16}$$

式中，$\boldsymbol{I}$ 为单位阵；$\bar{\boldsymbol{L}}$ 是经修正后的观测值，最佳的参数估计为：

$$\bar{\boldsymbol{X}}=(\boldsymbol{B}^{\mathrm{T}}\boldsymbol{P}\boldsymbol{B})^{-1}\boldsymbol{B}^{\mathrm{T}}\boldsymbol{P}\bar{\boldsymbol{L}} \tag{2-17}$$

异常观测值修正后的残差为：

$$\bar{\boldsymbol{V}}=\boldsymbol{B}\bar{\boldsymbol{X}}-\bar{\boldsymbol{L}} \tag{2-18}$$

式中　$\bar{\boldsymbol{X}}$——经异常值修正后的 $t\times 1$ 参数向量；

$\bar{\boldsymbol{V}}$——经异常值修正后的 $n\times 1$ 残差向量。

对式(2-17)两边取期望得：

$$E(\bar{\boldsymbol{X}})=(\boldsymbol{B}^{\mathrm{T}}\boldsymbol{P}\boldsymbol{B})^{-1}\boldsymbol{B}^{\mathrm{T}}\boldsymbol{P}E(\boldsymbol{L}-\boldsymbol{G}\hat{\boldsymbol{\Delta}}_{g})=\hat{\boldsymbol{X}}-\boldsymbol{G}E(\hat{\boldsymbol{\Delta}}_{g})=\hat{\boldsymbol{X}}-\boldsymbol{\Delta}_{X} \tag{2-19}$$

其中，$\hat{\boldsymbol{X}}=(\boldsymbol{B}^{\mathrm{T}}\boldsymbol{P}\boldsymbol{B})^{-1}\boldsymbol{B}^{\mathrm{T}}\boldsymbol{P}\boldsymbol{L}$，$\boldsymbol{G}E(\hat{\boldsymbol{\Delta}}_{g})=\boldsymbol{G}\boldsymbol{R}_{g}^{-1}\boldsymbol{G}^{\mathrm{T}}\boldsymbol{R}E(\boldsymbol{L})=\boldsymbol{\Delta}_{X}$。

式中　$\hat{\boldsymbol{X}}$——参数 $\boldsymbol{X}$ 的最佳参数估值；

$\boldsymbol{\Delta}_X$——经过异常值修正后对 $\hat{\boldsymbol{X}}$ 的补偿，如果观测值中无异常观测值，则 $E(\hat{\boldsymbol{\Delta}}_{g})=0$，$\bar{\boldsymbol{L}}=\boldsymbol{L}$，$E(\bar{\boldsymbol{X}})=\hat{\boldsymbol{X}}$。

本书引入异常数据相对接近度(Relative Approach Degree，RAD)衡量异常值的估值精度，RAD 越大说明估计值越接近于真值，RAD 定义为：

$$\mathrm{RAD}=\left(1-\left|\frac{\boldsymbol{\Delta}_{g}-\hat{\boldsymbol{\Delta}}_{g}}{\boldsymbol{\Delta}_{g}}\right|\right)\times 100\% \tag{2-20}$$

上述多维异常值的定位算法和估值、修正方法简称为完整搜索估计法[110](Full Search Estimation，FSE)，图 2-1 所示是 FSE 的计算流程图。

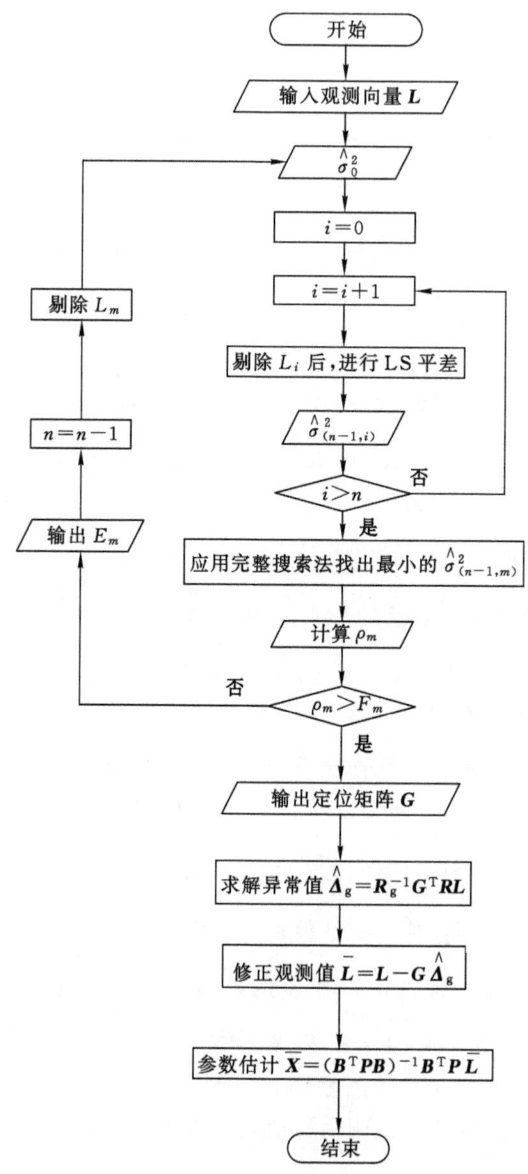

图 2-1　FSE 计算流程图

2.3　FSE 用于测量机器人观测数据可靠性分析

2.3.1　实验方案

GeoRobot(测量机器人)根据监测点的数量可以分组观测，图 2-2 所示是按照监测点构成监测线分两组进行观测，图中蓝色的点表示一组监测点，红色的点表示另一组监测点。每次观测设置固定的测回数，当完成一个周期的观测后需要立即进行测站平差，然后才能够提供测站点到各监测点精密的距离和方向值，各个监测点的坐标由测站平差后得到的距离、方位角和天顶距解算得到。GeoRobot 的原观测数据是倾斜距离、方向值和垂直角。如果在观测过程中，某个测回的观测值带有异常值，将导致坐标或高差值异常。为了从源头上探测异常观测值，在一个周期观测完成后，将 FSE 应用到测站平差过程中针对原观测数据进行异常值的定位和修正。

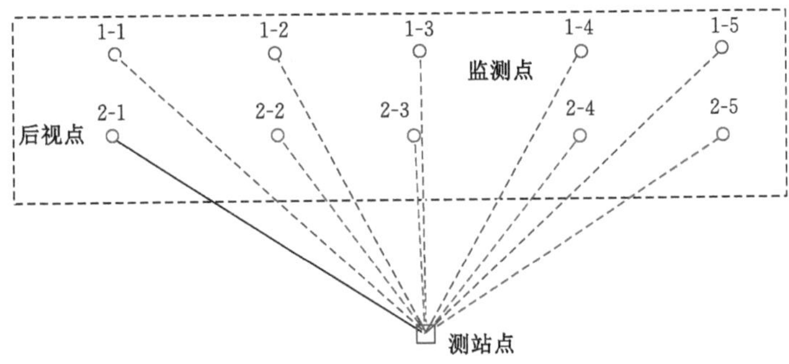

图 2-2　测量机器人的观测模式

为了证实 FSE 方法的可行性，本节以图为观测模型，设计了 GeoRobot 监测矿山边坡的实验方案，即在正常的观测值中随机模拟异常值的大小。

测站点坐标：X_0＝5 029.800(m)，Y_0＝111 450.800(m)；后视方位角：α＝302°08′00″。其中在点 1-3 的观测距离中随机模拟了两个异常值，表 2-2 所列是监测点 1-3 的观测数据和模拟的异常值，表中加粗值为异常值。

表 2-2　点 1-3 的观测数据

测回	距离/m	方向值	垂直角
1	108.355	57°22′15″	30°31′12″
2	108.352−**0.011**	57°22′12″	30°3111″
3	108.354	57°22′18″	30°31′13″
4	108.353	57°22′11″	30°31′10″
5	108.353−**0.020**	57°22′14″	30°31′11″
6	108.351	57°22′15″	30°31′12″

2.3.2　结果分析

实验过程分四个步骤进行：

(1) 首先用正常的观测数据计算各测回点 1-3 的点位坐标，并估计其最可靠点位。图 2-3(a)所示是无异常值计算的各点位分布，从图中可以看出，点位分布集中，蓝色实心点为最可靠点位，点位方差 $\hat{\sigma}_0^2=0.02\ \text{cm}^2$。

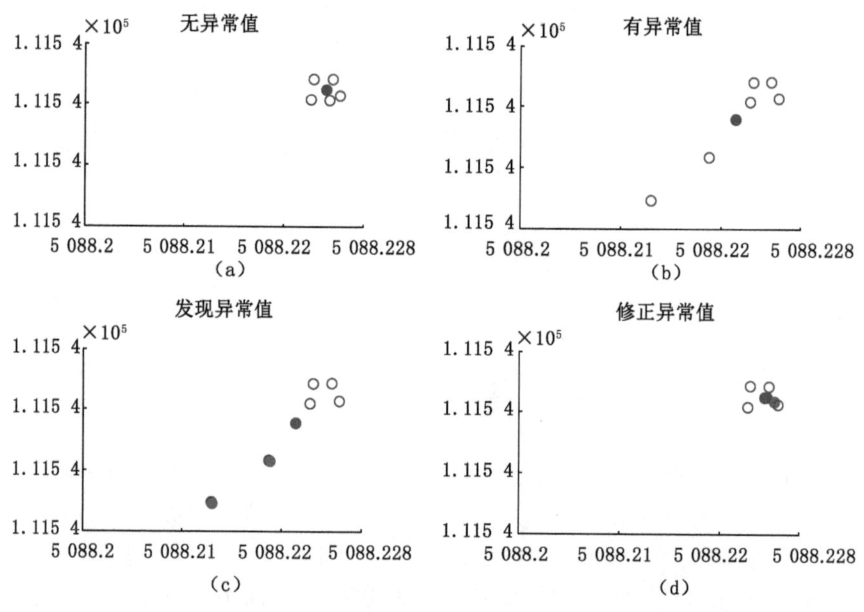

图 2-3　受异常值影响的点位和修正后的点位对比

(2) 用含有异常值的观测数据计算 1-3 点的点位坐标，如图 2-3(b)所示，点位方差 $\hat{\sigma}_0^2=0.846\ \mathrm{cm}^2$。

(3) 运用 FSE 定位异常值，经过第 1 次完整搜索后，计算得最小验后方差 $\hat{\sigma}^2_{(n-1,5)}=0.322\ \mathrm{cm}^2$，最小方差比 $\rho_m=0.846/0.322=2.6$，$\rho_m<F_m(m=1, f_1=5, F_m=6.3)$，定位矢量 $\boldsymbol{E}_5=[0,0,0,0,1,0]^{\mathrm{T}}$；第 2 次完整搜索后计算得验后方差 $\hat{\sigma}^2_{(n-2,2)}=0.029\ \mathrm{cm}^2$，最小方差比 $\rho_m=0.322/0.029=11.1$，$\rho_m>F_m(m=2, F_m=9.1)$，定位矢量 $\boldsymbol{E}_2=[0,1,0,0,0,0]^{\mathrm{T}}$。此时，完整搜索结束，观测值 L_5、L_2 被定位为异常观测值，最终形成的定位矩阵为 $\underset{6\times 2}{\boldsymbol{G}}=[\boldsymbol{E}_5,\boldsymbol{E}_2]$，图 2-3(c)中蓝色实心点为平差后点位，红色实心点为发现异常点。

(4) 根据定位矩阵 $\boldsymbol{G}$，用估值方程式(2-15)估计异常值的大小，再用式(2-16)修正异常观测值，并计算经修正后的点位，如图 2-3(d)所示，图中红色实心点为经修正后的点位，蓝色实心点为经修正后的最可靠点位。表 2-3 所列是 FSE 的计算结果，表中 $\hat{\sigma}^2_{\min}$ 是经完整搜索后计算的最小方差，ρ_m 是方差比，Δ_g 是模拟的异常值，$\hat{\Delta}_g$ 是异常值的估计值。

表 2-3　FSE 异常值估计结果

No.	$\hat{\sigma}^2_{\min}/\mathrm{cm}^2$	ρ_m	$\hat{\Delta}_g/\mathrm{cm}$	Δ_g/cm	RAD
5	0.322	2.6	−0.021	−0.020	95%
2	0.029	11.1	−0.012	−0.011	91%

通常用残差大于 3 倍标准差作为区分正常值与异常值的临界值[111-112]，这种方法只有对于显著大的异常值才可能判断正确，如果观测值中出现相对较小的异常值，可能做出错误的判断。表 2-4 所列是实验中残差计算结果，从表中可以发现，异常观测值的残差 $V_2=-1.23$ cm，$V_5=-3.13$ cm，中误差为 0.92 cm。V_2 不满足大于 3 倍中误差，只是 V_5 大于 3 倍中误差，显然用 3σ 准则不能发现第 2 个观测值中存在异常。

表 2-4　实验残差计算结果

No.	残差 V/cm		
	无异常	有异常	修正后
1	0.21	1.26	0.175
2	−0.11	−1.23	−0.001
3	0.10	1.16	0.075
4	0.002	1.06	−0.025
5	−0.001	−3.13	−0.0011
6	−0.20	0.86	−0.225
中误差	0.14	0.92	0.13

经过实验分析可知，FSE 用于 GeoRobot 测站平差能够探测出原观测值中的异常数据，同时对异常值进行估值并加以修正，使其观测数据的可靠性得以保障。

以测回顺序号为横轴、残差为纵轴绘制折线图(图 2-4)，发现经 FSE 修正后的残差与无异常值的残差折线基本重合，表明了 FSE 定位和估计异常值的有效性。

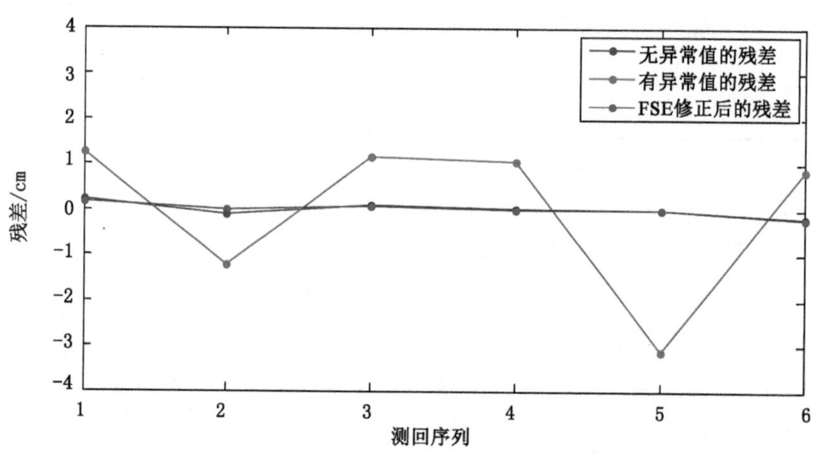

图 2-4　残差对比结果

2.4　FSE 用于坐标系统转换参数可靠性求解

目前,常用于矿山变形监测的原位传感器主要有 GeoRobot、GNSS、GB-SAR、三维激光扫描仪等,这些传感器的测量基准有时并不一致,在数据分析处理前需要将观测数据统一到同一个坐标基准下,这样更有利于观测数据的融合和处理,这就会涉及不同坐标基准下的成果相互转换。坐标系统转换精度的高低取决于坐标转换参数的精度,通常求解转换参数需要用到两个坐标系统下的重合点。由于矿山资源开采导致矿区地表和内部产生复杂的变形和位移,使得矿区内部及周围的测量基准点自身也可能会发生一定程度的位移,而基准点往往作为重合点用于转换参数求解,由此而获得的转换参数并不可靠。

重合点的可靠性必然会影响到坐标基准转换的精度,可靠的转换参数是实现坐标基准精确转换的重要保障。

本节将 FSE 方法应用于坐标系统可靠性转换参数的求解,将重合点坐标看作"观测数据",通过实验证实 FSE 在坐标参数求解过程中具有发现异常重合点并自动加以修正的能力。

2.4.1　转换模型

用于两个坐标系之间的转换模型常用的主要有七参数模型和四参数模型,七参数模型适用于三维坐标系统之间的转换,而四参数模型适用于平面坐标系统之间的转换,式(2-21)为布尔莎七参数模型[101]:

$$\begin{bmatrix} x \\ y \\ z \end{bmatrix}_{M} = \begin{bmatrix} x \\ y \\ z \end{bmatrix}_{G} + \begin{bmatrix} 1 & 0 & 0 & 0 & -z & y & x \\ 0 & 1 & 0 & z & 0 & -x & y \\ 0 & 0 & 1 & -y & x & 0 & z \end{bmatrix}_{G} \begin{bmatrix} x_0 \\ y_0 \\ z_0 \\ \varepsilon_x \\ \varepsilon_y \\ \varepsilon_z \\ \mu \end{bmatrix} \tag{2-21}$$

式中　x_M,y_M 和 z_M——目标坐标系下的坐标;

x_G,y_G 和 z_G——原坐标系坐标;

x_0,y_0 和 z_0——平移参数;

ε_x,ε_y 和 ε_z——欧拉角参数;

μ——尺度因子参数。

布尔莎模型的三个欧拉角和尺度因子参数通常很小，使用式(2-21)至少需要三个非共线重合点用于求解七个参数，越多的重合点越有助于提高转换精度和发现异常重合点[113]。

设有 m 个重合点，观测值个数 $n=3m$，未知参数个数 $t=7$，则自由度 $r=3m-t$。将式(2-21)的观测方程用矩阵表示为：

$$\underset{3m\times 7}{\boldsymbol{B}}=\begin{bmatrix}\begin{bmatrix}1&0&0\\0&1&0\\0&0&1\end{bmatrix} & \begin{bmatrix}0&-z&y&x\\z&0&-x&y\\-y&x&0&z\end{bmatrix}_1\\ \vdots & \vdots\\ \begin{bmatrix}1&0&0\\0&1&0\\0&0&1\end{bmatrix} & \begin{bmatrix}0&-z&y&x\\z&0&-x&y\\-y&x&0&z\end{bmatrix}_m\end{bmatrix}_{\mathrm{G}} \tag{2-22}$$

$$\underset{3m\times 1}{\boldsymbol{L}}=\begin{bmatrix}\begin{bmatrix}x\\y\\z\end{bmatrix}_1\\ \vdots\\ \begin{bmatrix}x\\y\\z\end{bmatrix}_m\end{bmatrix}_{\mathrm{M}}-\begin{bmatrix}\begin{bmatrix}x\\y\\z\end{bmatrix}_1\\ \vdots\\ \begin{bmatrix}x\\y\\z\end{bmatrix}_m\end{bmatrix}_{\mathrm{G}} \tag{2-23}$$

$$\hat{\boldsymbol{X}}=\begin{bmatrix}x_0\\y_0\\z_0\\\varepsilon_x\\\varepsilon_y\\\varepsilon_z\\\mu\end{bmatrix} \tag{2-24}$$

2.4.2 实验方案

为了比较 FSE 与 LS 的抗差能力，实验设计了三个方案进行计算，每个方案的异常数据的位置和大小均相同，是随机模拟值。三个方案的内容如下：

(1) LS 方案：该方案仅使用经典的 LS 求解参数，重合点坐标(观测值)仅有随机误差，也就是说经 LS 平差后坐标转换参数和残差不受异常值的污染。

(2) LS+Outlier 方案：该方案仍然使用 LS 平差，但在观测值中模拟了 4 个异常值，最终的坐标转换参数和残差受到了异常值的污染。

(3) FSE+Outlier 方案：该方案采用与前两个方案数值相同和位置相同的异常值，应用 FSE 方法定位和估值异常值，其结果是经 FSE 异常值修正后的可靠的转换参数，从而避免了异常值污染转换参数。

实验数据采用某矿区的真实坐标(因涉密坐标经过处理)，从 GNSS 坐标系转换到矿区独立坐标系设置了 5 个重合点，表 2-5 所列是两个坐标系的重合点坐标，表中黑体数字表示模拟的异常值。观测个数 $n=15$，采用七参数模型 $t=7$，实验随机在两个点上模拟了 4 个异常值，计算得自由度 $r=8$，$f_1=r-m+1=5<10$。

表 2-5　重合点坐标

No.	坐标分量	Mine/m	GNSS/m
1	X_1	4 216 795.555	4 216 733.599+**0.1**
2	Y_1	123 552.914	123 498.967+**0.1**
3	Z_1	817.359	839.790
4	X_2	4 211 314.016	4 211 251.907
5	Y_2	127 991.777	127 937.700
6	Z_2	791.617	814.812
7	X_3	4 205 398.517	4 205 336.479
8	Y_3	124 150.208	124 095.948
9	Z_3	762.463	786.993
10	X_4	4 207 224.078	420 7162.237
11	Y_4	117 337.124	117 282.882
12	Z_4	771.569	796.161
13	X_5	4 214 267.834+0.15	4 214 206.044
14	Y_5	116 967.977	116 913.927
15	Z_5	807.732−0.12	831.027

2.4.3 结果分析

FSE实验计算得验后方差为 $\hat{\sigma}_0^2=0.0056\ \text{m}^2$，执行 $n-1$ 维完整搜索后，最小方差为 $\hat{\sigma}_{(n-1,13)}^2=0.0022\ \text{m}^2$，相应的最小方差比 $\rho_m=0.0056/0.0022=2.5$，$\rho_m<F_m(m=1,f_1=8,F_m=3.7)$，生成的定位矢量 $\boldsymbol{E}_{13}=[0,0,0,0,0,0,0,0,0,0,0,0,1,0,0]^{\mathrm{T}}$；执行完 $n-2$ 维完整搜索后，最小的验后方差为 $\hat{\sigma}_{(n-2,15)}^2=0.0016\ \text{m}^2$，方差比 $\rho_m=0.0022/0.0016=1.4$，$\rho_m<F_m$，$(m=2,f_1=7,F_m=4.2)$，生成的定位矢量 $\boldsymbol{E}_{15}=[0,0,0,0,0,0,0,0,0,0,0,0,0,0,1]^{\mathrm{T}}$。类似地，当执行完 $n-4$ 维完整搜索后，方差比 $\rho_m=11.1>F_m(m=4,f_1=5,F_m=6.3)$，生成的定位矢量 $\boldsymbol{E}_1=[1,0,0,0,0,0,0,0,0,0,0,0,0,0,0]^{\mathrm{T}}$，此时搜索结束。观测值 L_{13},L_{15},L_2 和 L_1 被定位为异常观测值，最终形成定位矩阵 $\underset{15\times 4}{\boldsymbol{G}}=[\boldsymbol{E}_{13},\boldsymbol{E}_{15},\boldsymbol{E}_2,\boldsymbol{E}_1]$，实验经过4次完整搜索后确定了异常值的位置，表2-6所列是FSE实验的异常点定位和估值结果。

表 2-6 异常点定位和估值结果

No.	坐标	$\hat{\sigma}_{\min}^2/\text{m}^2$	ρ_m	$\hat{\Delta}_g/\text{cm}$	Δ_g/cm	RAD
13	X_5	0.002 2	2.5	−15.4	15.0	97%
15	Z_5	0.001 6	1.4	12.3	−12.0	97%
2	Y_1	0.001 0	1.6	10.6	10.0	94%
1	X_1	0.000 09	11.1	8.6	10.0	86%

将方差比 ρ_m 作为竖轴，搜索次数作为横轴作折线图，如图2-5所示。从图中可以发现，当第4次完整搜索完成后，方差比 ρ_m 较其他值明显增大。为了突出此特征，如果再进行1次多余的搜索，此时的方差比 ρ_m 明显回落，如第5次搜索后的方差比 $\rho_m=2.8$。

表2-7所列是三个实验方案的转换参数的统计结果，其中FSE+Outlier和LS得到的7个参数接近。图2-6所示是三个方案的残差的分布情况，表2-8中 V_1,V_2 和 V_3 分别是三个方案的残差统计结果，$\hat{\sigma}_0$ 是中误差，结果表明经FSE求解后的残差明显改善。

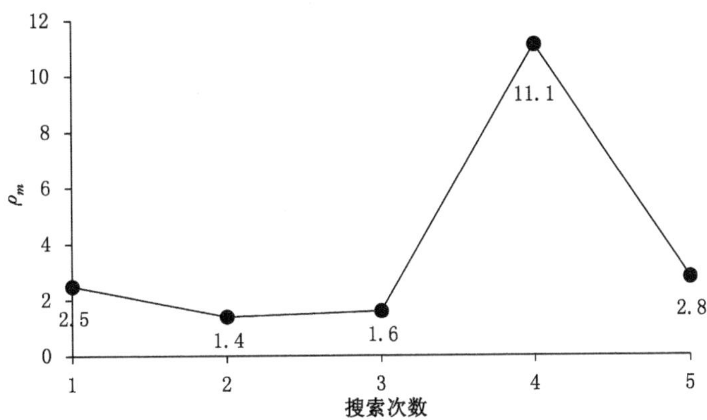

图 2-5　方差比折线图

表 2-7　三个方案的转换参数统计结果

方案	x_0/m	y_0/m	z_0/m	ε_x/s	ε_y/s	ε_z/s	$\mu\times10^{-6}$
LS+Outlier	−83.834	−161.367	798.089	13.66	−37.54	−5.22	5.90
LS	−77.827	−169.013	815.589	12.26	−38.44	−5.60	4.52
FSE+Outlier	−79.805	−168.180	816.014	12.23	−38.46	−5.55	4.99

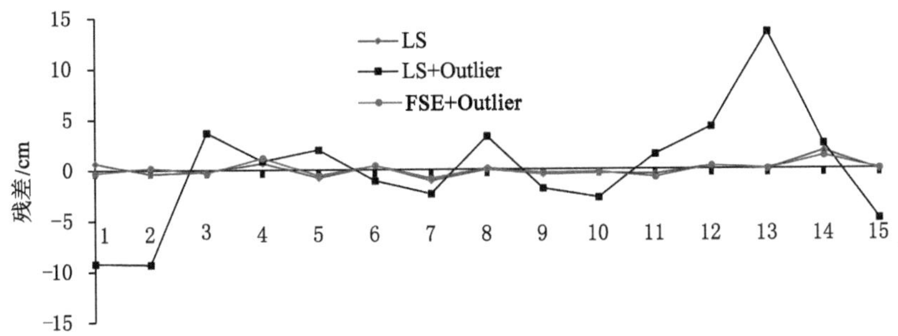

图 2-6　三种方案的残差分布

表 2-8　三个方案的残差对比结果

No.	Points	LS	LS+Outlier	FSE+Outlier
		V_1/cm	V_2/cm	V_3/cm
1	XP1	0.7	−9.2	−0.3
2	YP1	−0.4	−9.3	0.2
3	ZP1	−0.2	3.7	−0.3
4	XP2	0.7	0.9	1.2
5	YP2	−0.8	2.0	−0.6
6	ZP2	0.4	−1.1	0.4
7	XP3	−1.1	−2.4	−0.9
8	YP3	0	3.3	0.1
9	ZP3	−0.5	−1.9	−0.4
10	XP4	−0.4	−2.8	−0.3
11	YP4	−0.5	1.5	−0.8
12	ZP4	0.3	4.2	0.3
13	XP5	0	13.5	0
14	YP5	1.8	2.5	1.3
15	ZP5	−0.1	−4.9	0
σ		0.94	7.51	0.84

对比表 2-7 和表 2-8 可以看出，方案三（FSE＋Outlier）和方案一（LS）的残差和转换参数非常接近，进一步证明了 FSE 方法在坐标转换过程中具有抵抗异常值的能力，而且 RAD 值均高于 80％，说明异常值的估值精度较高。值得注意的是，在矿山局部坐标系中，即 M 坐标系中，异常值的估计符号与实际模拟值正好相反（在表 2-6 中坐标 X_5 和 Z_5 的模拟值 Δ_g 与估计值 $\hat{\Delta}_g$ 的符号相反）。

如果给 M 坐标系统中的 y 分量增加一个异常值 δ，则误差方程（2-22）中的观测向量 $\boldsymbol{L}$ 变化为：

$$
\boldsymbol{L}=\begin{bmatrix}x_i\\y_i\\z_i\end{bmatrix}_{\mathrm{G}}-\begin{bmatrix}x_i\\y_i+\delta\\z_i\end{bmatrix}_{\mathrm{M}}=\begin{bmatrix}x_i\\y_i-\delta\\z_i\end{bmatrix}_{\mathrm{G}}-\begin{bmatrix}x_i\\y_i\\z_i\end{bmatrix}_{\mathrm{M}}\tag{2-25}
$$

在式(2-25)中，δ 以一个相反的符号从 M 坐标系转移到 G 坐标系统下，这就是实验方案(FSE＋Outlier)估值结果与模拟值出现相反符号的原因。这里说明一个问题，尽管能够发现那个重合坐标点是异常点，FSE 不能区分出该点是属于 M 坐标还是 G 坐标，但这并不影响用它修正观测值。

有学者证明剔除异常观测值和修正异常观测值对未知参数估计的结果是相同的[114]，本书建议是选择修正，这样的话并不改变设计矩阵 $\boldsymbol{B}$，意味着在坐标系统转换过程中不会改变重合点的数量和分布[110]。事实上，重合点的数量及点位分布对坐标转换精度也有一定的影响[115-116]。

2.5　本章小结

本章首先简要叙述了“真异常”和“伪异常”的区别及其探测异常值的重要意义。重点是提出了 FSE 方法，FSE 不同于 3σ 准则和小波分析法，也不同于常见的基于 M 估计的抗差估计法和附有假设检验的最小二乘法。FSE 直接面向原观测数据，是集异常值定位、估值和修正的综合方法，对中小异常值也有一定的探测能力。FSE 要求有一定数量多余观测量，多余观测是发现异常值的先决条件，FSE 只适用于线性高斯-马尔可夫模型，高斯-马尔可夫模型仍然是工程实践中最为常用的模型之一。分别将 FSE 应用于 GeoRobot 监测系统和坐标基准转换参数的可靠性求解，通过仿真模拟实验证实 FSE 方法的有效性。

本章的研究成果对全书有三方面的作用和意义：① 就变形监测而言，对观测数据进行异常值的探测有其特殊的一面，即避免异常值影响变形体“真异常”的识别，经过 FSE 对观测数据进行处理，保障监测数据质量的可靠性，为识别变形体的“真异常”排除干扰；② 监测数据经过 FSE 处理后，为后续章节基于 GP 的数据智能分析创造了有利条件，因为 GP 是建立在观测误差是符合高斯分布的随机变量这一假设条件下进行推理的，异常值的存在势必影响这一条件；③ FSE 在第 5 章中用于离群值的识别和提取。

第3章 高斯过程基础理论和方法

3.1 概述

GP早在20世纪七八十年代就以著名的Kriging(克里金)的名义应用于地统计学领域中。GP是一种基于贝叶斯框架的监督式的机器学习统计方法,主要用于解决回归和分类问题。

GP作为一种新型的智能数据处理方法,因其有严格的统计学理论基础,特别是处理复杂的非线性问题具有良好的适应性,而且具有参数自适应获取和处理结果具有概率意义等优点,正逐渐为各领域的学者所重视。

本章重点介绍GP的基础理论和方法,为后续章节开展"GP用于变形监测数据分析和处理"的研究奠定理论基础,指明GP在变形数据处理中需要改进和关注的地方。

3.2 随机过程与高斯过程

3.2.1 随机过程

在静态测量中,即使在相同的观测条件下,由于观测结果中偶然误差的存在,各次的观测结果不完全相同,测量结果是一个随机变量。现代变形监测方法趋向于连续的自动化观测,监测点可能随时空连续变化,获得的结果有别于随机变量,而是一个随机过程。

设有n个观测结果,将每个观测结果$x_i(t)$表示为随机过程$x_n(t)$的一个实现,如:$x_1(t),x_2(t),\cdots,x_n(t)$,用$x(t)$表示这些随机函数样本的集合[117],则$x(t)$是一随机过程:

$$x(t)=\{x_1(t),x_2(t),\cdots,x_n(t)\} \tag{3-1}$$

随机过程 $x(t)$是随机变量 x 随着独立变量 t 的变化，常见的独立变量是时间，但也可能是空间位置或其他因素。随机过程 $x(t)$是依赖于时间 t 的一组随机变量，本书中涉及的独立变量不局限于时间。

随机过程是一个随时间变化的随机变量，是随机变量的扩展。随机过程根据特征函数（如均值函数、协方差函数、概率密度函等）是否随时间的变化分为平稳和非平稳随机过程；根据观测时间分为连续随机序列和离散随机序列[56]。

在变形监测中，自动化监测尽管将观测周期大大缩短，但获得的随机变量多数情况下仍然是离散的，属于离散性随机序列，也称为时间序列。变形监测的变形量随时间演化的过程是一个随机序列过程，许多学者应用时间序列分析方法来研究变形监测中变形体的变形过程和规律。

3.2.2　高斯过程

GP 是样本函数服从高斯分布的一类随机过程，高斯分布即正态分布，在统计学中是一种最重要的概率分布，许多概率分布可以用正态分布来近似。均值和方差唯一确定高斯分布的密度函数。众所周知，观测过程中产生的偶然误差可以认为服从高斯分布，直观上看高斯过程是高斯随机变量在函数变量空间上的一种推广[118]。高斯过程的数学定义如下：

设$\{f(x),x\in X\}$是一个定义在概率空间(Ω,Γ,P)上的随机过程，X 是给定的参数集，若对任意的有限点集$(x_1,x_2,\cdots,x_n)\in X$，均有一个随机变量$f(x_i,e\,|\,i=1,2,\cdots,n)\ (e\in\Omega)$与之对应，并服从 n 维高斯分布，则随机过程$\{f(x),x\in X\}$是高斯过程。

由上述定义可知，GP 是任意有限个具有联合高斯分布的随机变量组成的集合，高斯分布是用均值和协方差向量来确定的，而高斯过程是基于函数的，由均值函数 $m(x)$和协方差函数 $k(x,x)$唯一确定，因此，GP 通常用式(3-2)定义：

$$f(x)\sim \mathrm{GP}[m(x),k(x,x)] \tag{3-2}$$

其中

$$\begin{cases} m(x)=E[f(x)] \\ k(x,x)=E\{[(f(x)-m(x))(f(x)-m(x))]^{\mathrm{T}}\} \end{cases} \tag{3-3}$$

式中　x——任意随机变量，$x\in R^d$。

3.3 高斯过程回归与分类

3.3.1 高斯过程回归

回归分析方法就是用来确定两种或两种以上变量，即因变量 y 和自变量 x 之间相互依赖的定量关系的一种统计分析方法，回归分析方法在现实世界中应用十分广泛。

回归模型中 x 和 y 的关系由任意假设的函数 $f(x)$ 表示，简写为 f，f 也称为潜在函数(Underlying function)。回归问题的一般模型用式(3-4)来表示：

$$\boldsymbol{y} = f(\boldsymbol{x}) + \boldsymbol{\varepsilon}, \boldsymbol{\varepsilon} \sim N(0, \sigma_n^2 \boldsymbol{I}_n) \tag{3-4}$$

式中 $\boldsymbol{y}=[y_1, y_2, \cdots, y_n]^{\mathrm{T}}$，是受噪声污染的 $n\times 1$ 维的观测矢量，称为因变量；

ε——相互独立服从高斯分布的观测噪声向量；

σ_n^2——噪声方差；

$\boldsymbol{I}_n$——单位阵；

$\boldsymbol{x}=[x_{i,1}, \cdots, x_{i,d}]^{\mathrm{T}} (i=1,2,\cdots,n)$，是 $n\times 1$ 维的随机变量或非随机变量，通常称为自变量。

如果我们事先认为 f 是线性函数，应用最小二乘法就可以拟合出一直线方程，这是经典的线性回归问题。然而，f 或许是一复杂的非线性函数，仅从观测数据中难以判断出 f 属于何种具体的模型，此时，通过模型选择、参数设置、验证分析的方法反复试验也未必能找到理想的 f。GPR 不需要指出 f 是何种具体模型，GPR 经过观测数据的学习，能间接精确地描绘出 f。

由 GP 的定义可知，潜在函数 $f(x)$ 是由多维高斯分布组成的，根据多维高斯分布的一个重要性质，由式(3-2)和式(3-4)可得观测值 y 的先验分布为：

$$y \sim N[0, k(x,x) + \sigma_0^2 I_n] \tag{3-5}$$

通常做数据预处理时减去均值，使 $m(x)=0$。由 x 和 y 组成观测数据集 $D=\{(x_i, y_i) | (i=1,2,\cdots,n)\}$，习惯上把 D 称为训练样本集或学习样本集，其中 x 为输入样本，y 为输出样本。

设 x_* 是新输入的待预测样本，y_* 是对应的预测值，则由高斯分布的性质进一步得到观测值 y 与输出样本 y_*(预测值)的联合先验分布：

$$\begin{bmatrix} \boldsymbol{y} \\ \boldsymbol{y}_* \end{bmatrix} \sim N\left(0, \begin{bmatrix} \boldsymbol{k}(x,x)+\sigma_n^2 I_n & \boldsymbol{k}(x,x_*) \\ \boldsymbol{k}(x_*,x) & \boldsymbol{k}(x_*,x_*) \end{bmatrix}\right) \tag{3-6}$$

其中

$$\mathbf{K} = \boldsymbol{k}(x,x) = \begin{bmatrix} k(x_1,x_1) & k(x_1,x_2) & \cdots & k(x_1,x_n) \\ k(x_2,x_1) & k(x_2,x_2) & \cdots & k(x_2,x_n) \\ \vdots & \vdots & \ddots & \vdots \\ k(x_n,x_1) & k(x_n,x_2) & \cdots & k(x_n,x_n) \end{bmatrix}$$

$$\boldsymbol{k}(x,x_*) = \begin{bmatrix} k(x_1,x_*) \\ k(x_2,x_*) \\ \vdots \\ k(x_n,x_*) \end{bmatrix}$$

式中，$\boldsymbol{k}(x,x)$是输入样本 x 的协方差矩阵，且为 $n\times n$ 的对称正定矩阵，各个元素 $k(x_i,x_j)$表示 x_i 与 x_j 的相关性；$\boldsymbol{k}(x,x_*)=\boldsymbol{k}(x_*,x)^{\mathrm{T}}$ 是输入样本 x 与待预测输入值 x_* 之间的 $n\times 1$ 的协方差矩阵；$\boldsymbol{k}(x_*,x_*)$为待预测输入值 x_* 自身的方差阵。

根据多维高斯分布的性质，在已获得训练集 D 的条件下，y_* 的后验分布为：

$$p(y_* \mid D,x_*) \sim N[m(y),k(y_*,y_*)] \tag{3-7}$$

其中，y_* 的均值和方差分别为：

$$m(y_*) = \boldsymbol{k}(x_*,x)\,[\boldsymbol{k}(x,x)+\sigma_n^2\boldsymbol{I}_n]^{-1}\boldsymbol{y} \tag{3-8}$$

$$\boldsymbol{k}(y_*,y_*) = \boldsymbol{k}(x_*,x_*) - \boldsymbol{k}(x_*,x)\,[\boldsymbol{k}(x,x)+\sigma_n^2\boldsymbol{I}_n]^{-1}\boldsymbol{k}(x_*,x)^{\mathrm{T}} \tag{3-9}$$

式中，$m(y_*)$即为待预测值 x_* 的对应的输出值 y_* 的均值；$\boldsymbol{k}(y_*,y_*)$是输出预测值的验后方差，可以用 $\boldsymbol{k}(y_*,y_*)$度量预测结果的不确定性，即可信程度[55]，这是 GP 区别于 BP 神经网络和 SVM 方法的一个优点。

因 GP 方法中协方差函数是对称且正定函数，令 $a=(\boldsymbol{k}+\sigma_n^2\boldsymbol{I})^{-1}y$，式(3-8)可以改写为：

$$m(y_*) = \sum_{i=1}^{n} a_i k(x_i,x_*) \tag{3-10}$$

式(3-10)的形式与 SVM 一致，其预测值看作是核函数的线性组合，也就是说协方差函数等价于 SVM 的“核函数”。由此可理解为 GP 将复杂的非线性关系的数据经核函数映射到特征空间后转换为线性关系，使复杂非线性问题转化为容易处理的线性问题。实际上，Rasmussen 等[93]在他们的著作中论述了

GP 和 SVM 之间的联系。

当输入预测样本 x_* 后，GP 利用训练样本集 D 在函数空间 H 内找出最佳的 f 能对样本 x 做出精确预测。GP 是从函数概率空间角度来描述函数分布的，直接在函数空间内进行贝叶斯推理[131-132]。贝叶斯定理是通过假设的先验概率和给定假设下观测到的数据集 D 的概率来推断假设的后验分布的，由贝叶斯定理得：

$$p(f \mid D) = \frac{p(y \mid f)p(f \mid x)}{p(y \mid x)} \tag{3-11}$$

式中 $p(y|f)$——似然；

$p(f|x)$——f 的先验；

$p(y|x)$——y 的边缘似然。

由 GP 的定义可知先验：

$$\begin{aligned} p(f \mid x) &= \frac{1}{(2\pi)^{n/2}} \frac{1}{|K|^{1/2}} \exp\left(-\frac{1}{2} f^{\mathrm{T}} K^{-1} f\right) \\ &= N(0, K) \end{aligned} \tag{3-12}$$

似然：

$$\begin{aligned} p(y \mid f) &= \prod_{i=1}^{n} p(y_i \mid f_i) = \prod_{i=1}^{n} \frac{1}{\sqrt{2\pi\sigma_n^2}} \exp\left[-\frac{(y_i - f_i)^2}{2\sigma_n^2}\right] \\ &= \frac{1}{(2\pi\sigma_n^2)^{n/2}} \exp\left(-\frac{1}{2\sigma_n^2} \mid y - f \mid^2\right) \\ &= N(f, \sigma_n^2 I) \end{aligned} \tag{3-13}$$

根据多元高斯分布的性质可知高斯分布的边缘分布和条件分布也是高斯分布，y 的边缘分布为：

$$\begin{aligned} p(y \mid x) &= \int p(y \mid f) p(f \mid x) \mathrm{d}f \\ &= N(0, \sigma_n^2 \boldsymbol{I} + \boldsymbol{K}) \end{aligned} \tag{3-14}$$

由上面的推理可得函数 f 后验分布，再利用后验概率分布 $p(f|D)$ 预测输出 y_* 的概率分布：

$$\begin{aligned} p(y_* \mid x_*, D) &= \int p(y \mid f) p(f \mid x_*, D) \mathrm{d}f \\ &= N[k_* (k + \sigma_n^2 \boldsymbol{I})^{-1} y, \boldsymbol{k}(y_*, y_*)] \end{aligned} \tag{3-15}$$

综上所述，应用 GPR 进行预测需要经历的过程：选择先验，定义似然；选择协方差函数，由训练样本得到最优超参数；计算后验分布；输入 x_*，计算预测值 y_*。图 3-1 较为详细地给出了 GPR 的预测流程。

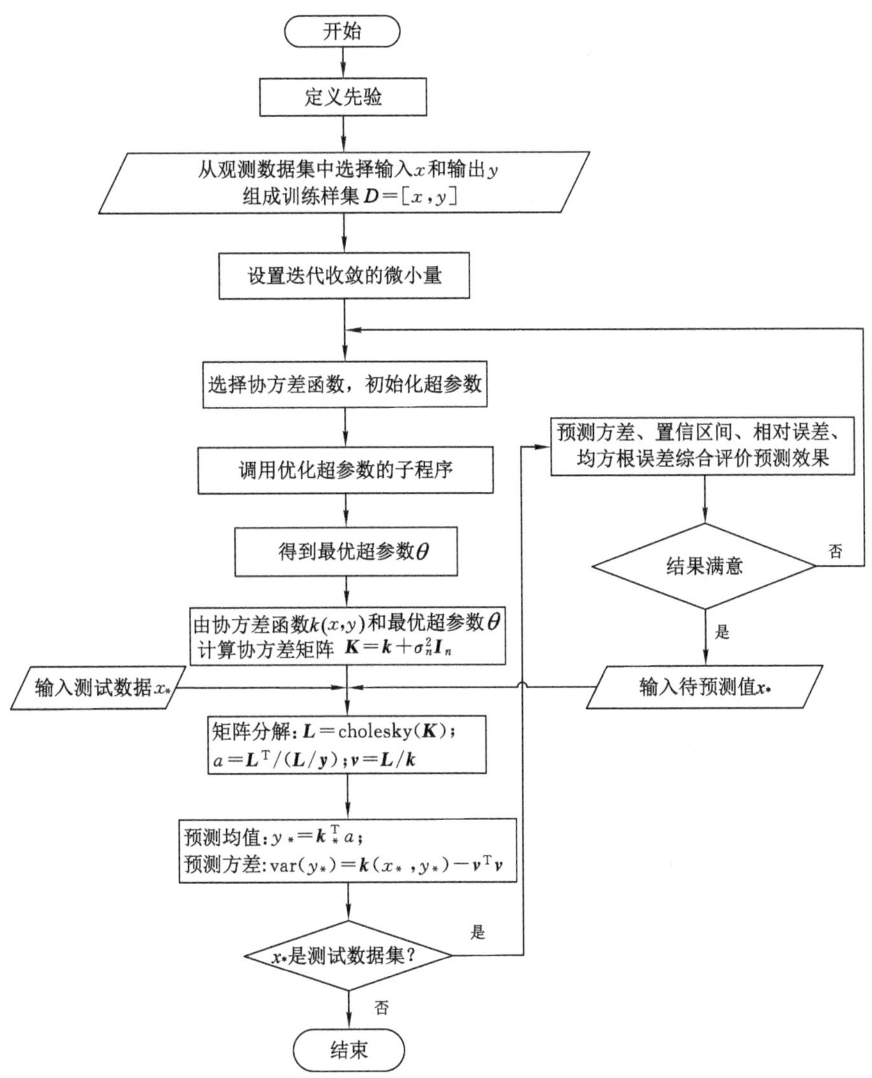
开始
定义先验
从观测数据集中选择输入x和输出y
组成训练样集$\boldsymbol{D}=[x,y]$
设置迭代收敛的微小量
选择协方差函数，初始化超参数
调用优化超参数的子程序
得到最优超参数θ
由协方差函数$\boldsymbol{k}(x,y)$和最优超参数θ
计算协方差矩阵 $\boldsymbol{K}=\boldsymbol{k}+\sigma_n^2\boldsymbol{I}_n$
输入测试数据x_*
矩阵分解：$\boldsymbol{L}=\text{cholesky}(\boldsymbol{K})$；
$a=\boldsymbol{L}^{\mathrm{T}}/(\boldsymbol{L}/\boldsymbol{y})$；$\boldsymbol{v}=\boldsymbol{L}/\boldsymbol{k}$
预测均值：$y_*=\boldsymbol{k}_*^{\mathrm{T}}a$；
预测方差：$\text{var}(y_*)=\boldsymbol{k}(x_*,y_*)-\boldsymbol{v}^{\mathrm{T}}\boldsymbol{v}$
x_*是测试数据集？
是
否
结束
预测方差、置信区间、相对误差、
均方根误差综合评价预测效果
结果满意
否
是
输入待预测值x_*

图 3-1　预测算法流程图

3.3.2 高斯过程分类

GPR 输出的目标值 y 是连续实数，如果输出值 y 是离散的整数，并代表类别，此时的 GPR 就演变成 GPC，当 y 输出两个不同整数时为二元分类，当 y 多于两个整数时为多元分类。无论是二元分类还是多元分类，GPC 的预测输出代表了与哪一个类别的相似程度，然后将其转换为预测概率。

在训练样本集 $D=\{(x_i\ y_i),i=1,2,\cdots,n\}$ 中，x_i 是连续的输入矢量，$y_i \in \{-1,1\}$ 作为类别标签，是离散整数。每个输入向量都有一个与其对应的潜在变量 $f_i=f(x_i)$，代表了与哪一个类别的相似程度，分类的任务就是根据潜在变量的值，按一定的原则将输入数据划分到某一个类别下。为使分类结果具有概率意义，常使用响应函数 $\lambda(f_i)$ 将 f_i 转换到 $[0,1]$ 区间内。式(3-16)是常用的响应函数，图 3-2 所示是潜在函数经过响应函数转换后的输出概率示意图。

$$p(y_i \mid f_i) = \lambda(z) = \frac{1}{1+\exp(-z)} \tag{3-16}$$

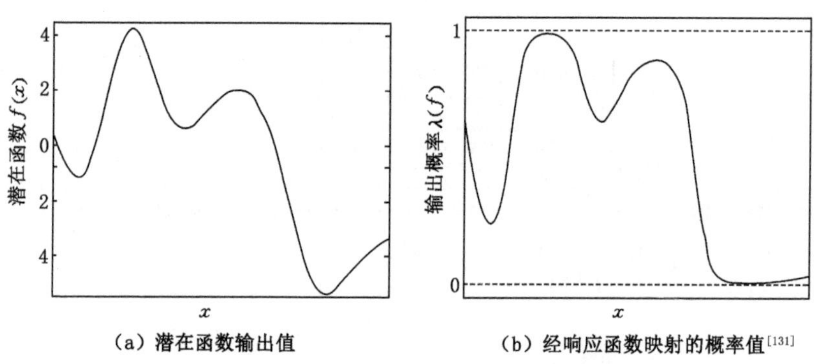

(a) 潜在函数输出值 (b) 经响应函数映射的概率值[131]

图 3-2 潜在函数经响应函数转换后的输出概率示意图

类标签 y_i 为 $+1$ 或 -1，此时 y_i 为伯努利同分布变量，似然函数可表示为：

$$p(y \mid f) = \prod_{i=1}^{n} p(y_i \mid f_i) = \prod_{i=1}^{n} \lambda(y_i \mid f_i) \tag{3-17}$$

GPC 与 GPR 的过程基本一致，分类的先验 $p(f|x)$ 依然是高斯分布，由贝叶斯定理可知 f 的后验分布潜在函数 $f(x)$。

$$p(f \mid D) = \frac{N(0,K)}{p(y \mid x)} \prod_{i=1}^{n} \lambda(y_i \mid f_i) \tag{3-18}$$

由于 λ 的存在，而导致后验概率 $p(f \mid D)$ 不再是高斯分布，无法精确求得解析解，此时，多用一个高斯分布来近似后验概率，研究人员提出了多种逼近方法，主要有 Laplace（拉普拉斯）方法[119]、期望传播法（EP）[120-121]和蒙特卡罗（MC）方法[122]。

3.4　协方差函数及超参数求解

GP 中的协方差函数（核函数）对 GPR 的预测性能和 GPC 的分类效果有着决定性的影响，根据 GP 协方差函数计算得到的矩阵对称且正定这一原则，有的学者研究了与数据特性相适应的协方差函数用于数据分析和预测[137]，取得了理想效果。

3.4.1　协方差函数

GP 主要由均值函数和协方差函数来决定，在实际应用中，通过数据预处理使得均值函数为 0，直接由式（3-8）和式（3-9）输出预测值和预测方差，其中的协方差矩阵是由协方差函数决定的。协方差函数是用来衡量训练样本与预测样本之间相似的程度，对于协方差函数的选择应从样本数据所表现出的特征进行分析，针对不同样本数据所表现出的特征选择不同的协方差函数，下面列出几个常用的协方差函数。

（1）线性（LIN）协方差函数：

$$k_{\mathrm{LIN}}(x,x') = x^{\mathrm{T}}x' \tag{3-19}$$

（2）平方指数（Squared Exponential Covariance Function，SE）协方差函数：

$$k_{\mathrm{SE}}(x,x') = \theta_{\mathrm{f}}^{2}\exp\left(-\frac{r^{2}}{2l^{2}}\right) \tag{3-20}$$

式（3-20）中，$r=x-x'$，表示输入样本点间的欧式距离，参数 l 定义为特征长度尺度参数，其值越大，表明输入点间的相关性越小，θ_{f} 表示函数空间的信号方差，l 与 θ_{f} 统称为模型的超参数。SE 协方差函数是 GP 领域使用最广泛的核函数，由于具有无限可微的性质，在充足样本的前提下，使用 SE 协方差函数的 GP 可以模拟出任意函数。

（3）有理二次（RQ）协方差函数：

$$k_{\mathrm{RQ}}(x,x') = \theta_{\mathrm{f}}^{2}\left(1+\frac{r^{2}}{2\alpha l^{2}}\right)^{-\alpha} \tag{3-21}$$

式（3-21）中，α 为指数函数缩放因子，RQ 协方差函数假设数据仅在一个特定的长度尺度上变化，旨在对多尺度数据进行建模。当时 $\alpha \to \infty$ 时，RQ 协方差函数收敛为 SE 核函数。

(4) 周期性(PER)协方差函数：

$$k_{\mathrm{PER}}(x,x') = \theta_{\mathrm{f}}^2 \exp\left(-\frac{2}{l^2}\sin^2\left(\frac{\pi r}{p}\right)\right) \tag{3-22}$$

式(3-22)中，p 表示周期因子，PER 协方差函数能够捕捉样本中的周期性特征。

(5) Matérn 协方差函数：

$$k_{\mathrm{Matern}}(x,x') = \theta_{\mathrm{f}}^2 \frac{2^{1-v}}{\Gamma(v)}\left(\frac{\sqrt{2v}r}{l}\right)^{v} K_{v}\left(\frac{\sqrt{2v}r}{l}\right) \tag{3-23}$$

式(3-23)中，K_v是修正 Bessel 函数，v 表示自由度，$\Gamma(v)$表示伽玛函数。Matérn 协方差函数是仅次于 SE 协方差函数的常被使用的协方差函数，且 Matérn 协方差函数可视为 SE 协方差函数的泛化表示。当 v 取不同值时，可获得不同平滑度的 Matérn 协方差函数：

$$k_{v=3/2}(x,x') = \left(1+\frac{\sqrt{3}r}{l}\right)\exp\left(-\frac{\sqrt{3}r}{l}\right) \tag{3-24}$$

$$k_{v=5/2}(x,x') = \left(1+\frac{\sqrt{5}r}{l}+3\frac{5r^2}{l^2}\right)\exp\left(-\frac{\sqrt{5}r}{l}\right) \tag{3-25}$$

(6) 神经网络(NN)协方差函数：

$$k_{\mathrm{NN}}(x,x') = \theta_f^2 \arcsin\left(\frac{2x\mathrm{diag}(l)x'^{\mathrm{T}}}{\sqrt{(1+2x\mathrm{diag}(l)x^{\mathrm{T}})(1+2x'\mathrm{diag}(l)x'^{\mathrm{T}})}}\right) \tag{3-26}$$

在 GP 中，除上述协方差函数外，还可以通过组合现有的协方差函数得到新的协方差函数，使得建模更加灵活。图 3-3 展示了不同协方差函数及组合协方差函数的图像。

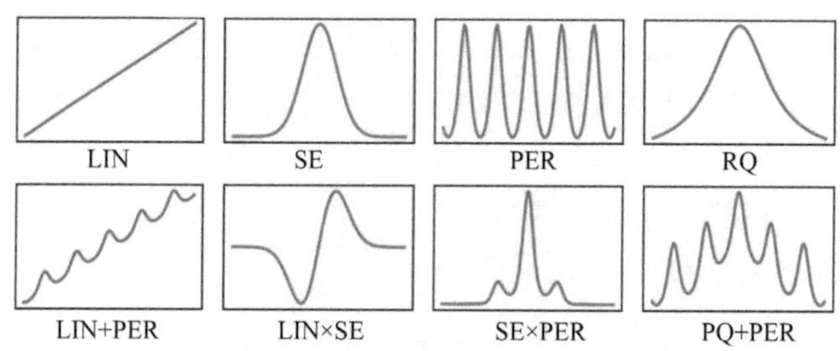

图 3-3　不同协方差函数对比图

因 SE 无穷可微使得 GP 非常平滑，故 SE 成为最为常用的协方差函数，其形式为：

$$k(x_i,x_j)=\sigma_f^2\exp\left(-\frac{1}{2l^2}r^2\right)+\sigma_n^2\delta_{ij} \tag{3-27}$$

其中，$r^2=\sum_{k=1}^{d}(x_{i,k}-x_{j,k})^2$。

在式(3-27)中，σ_f^2 为信号方差，用于控制局部相关性的程度，如果 $x_i\approx x_j$，此时 $k(x_i,x_j)$ 接近最大值 σ_f^2，意味着 $f(x_i)\approx f(x_j)$，相邻点相似表明潜在函数看上去光滑；如果 x_i 距离 x_j 很远，此时 $k(x_i,x_j)\approx 0$，意味着二者的相关性很差，互不影响。如何来调整点之间的间隔取决于另一个参数 l，l 是特征长度尺度参数，表示输出输入的相关性大小，其值越大相关性越小。σ_f^2 和 l 使得协方差函数具有很好的适用性，因为观测值难免受到噪声的干扰，σ_n^2 为噪声方差；δ_{ij} 为克洛内克函数(Kronecker delta)，习惯上将参数集 $\theta=\{l,\sigma_f^2,\sigma_n^2\}$ 称为超参数。

有时用过度光滑的假设条件模拟许多物理过程是不现实的，可以考虑使用马特恩(Matérn)协方差函数[124]。但是 SE 在核学习领域中可能是使用最多的协方差函数，有关其他的协方差函数，例如 Matérn、周期性协方差函数(PER)、线性协方差函数(LIN)、有理协方差函数(RQ)在文献[93]中有详细的说明，本书不再赘述。

选择什么样的协方差函数往往需要从观测数据呈现出的特征入手分析，如果观测数据表现出周期性的特征，考虑选用周期协方差函数；数据表现出长期的趋势项同时伴随有周期性特性，可以考虑选用组合协方差函数。组合的方式有协方差函数相加、相乘和卷积计算[125]，构造新的协方差函数需要满足对称性和非负正定性的要求[92]。

协方差函数在样本训练过程中占有举足轻重的地位，对最终的预测效能起决定性的作用，协方差函数清楚地表明了数据点之间的相似程度，当输入值越接近，越有可能获得相同的预测值，并且待预测值接近训练样本时对其预测有积极的作用，这也是本书第 6.2 节提到的“递进-截尾式”的动态更新模式的根本所在。

3.4.2　超参数求解

协方差函数中的超参数取什么样的值，使得观测到 y 值的概率最大，由此而想到应用极大似然法求取超参数。通常的方法是对边缘似然取负对数作为似然函数对超参数求偏导，再采用牛顿法、共轭梯度法等优化方法进行最小化求得超参数的最优解。式(3-28)和式(3-29)是对边缘似然函数取负对数的形式及其对超参数求偏导的形式。

$$\log p(y \mid f,\theta) = L(\theta) = \frac{n}{2}\log(2\pi) + \frac{1}{2}|\boldsymbol{K}| + \frac{1}{2}\boldsymbol{y}^{\mathrm{T}}(\boldsymbol{K})^{-1}\boldsymbol{y} \tag{3-28}$$

$$\frac{\partial L(\theta)}{\partial \theta_i} = \frac{1}{2}\mathrm{tr}\left((\boldsymbol{aa}^{\mathrm{T}} - \boldsymbol{k}^{-1})\frac{\partial \boldsymbol{K}}{\partial \theta_i}\right) \tag{3-29}$$

式中　$\boldsymbol{K}=\boldsymbol{k}+\sigma_n^2\boldsymbol{I}_n$；

$\boldsymbol{a}=(\boldsymbol{k}+\sigma_n^2\boldsymbol{I}_n)^{-1}\boldsymbol{y}=\boldsymbol{k}^{-1}\boldsymbol{y}$。

直接利用训练样本数据经迭代优化是自适应求解超参数的一种理想方法，与SVM相比这又是GP的一个突出优点。超参数取值对训练与预测精度的影响较大，尽管预测精度可以通过设置多个超参数来提高，还是尽量选择超参数少的协方差函数并使用高效的超参数求解方法为好。

在迭代优化计算时需要给出超参数的初值，迭代次数难以确定及其在迭代优化的过程中会反复对矩阵求逆，导致GP的计算效率低下。为此，有学者为提高GP计算效率做出有益的研究，提出了多种近似求解方法，例如NystrÖrm近似法[126]、回归子集(SR)近似法[127-128]和映射过程(PP)近似法[129-130]等有效方法。另外，在实际建模时，有时难以确立哪一种协方差函数更理想，需要反复测试，如同选择插值方法也要遵循一定的原则[78]，如精确性、参数的敏感性、计算效率。

接下来用非线性系统式(3-30)来说明协方差函数对高斯过程预测性能的影响。

$$y = 12x_1 - \sin(x_2) + x_3^2 + \varepsilon \tag{3-30}$$

式中　x_1, x_2, x_3——输入矢量；

y——输出量。

学习样本中输入量由10个均值为5、标准差为0.2的正态随机数据组成，ε是符合高斯分布的随机噪声，$\varepsilon \sim N(0, 0.02^2)$，生成的学习样本和预测样本见表3-1，表中前10项作为训练样本，后5项作为预测样本用于检验预测性能。

表3-1　训练样本与预测样本

序号	x_1	x_2	x_3	y
1	5.21	4.94	5.06	93.45
2	5.12	5.06	4.81	87.82

表 3-1(续)

序号	x_1	x_2	x_3	y
3	4.95	5.12	4.76	83.32
4	4.96	4.98	4.61	85.29
5	4.84	4.78	5.17	96.22
6	4.55	4.76	4.80	99.74
7	4.97	4.86	5.01	93.22
8	4.76	4.80	5.02	94.70
9	4.95	4.88	5.02	91.19
10	5.49	4.81	4.87	99.79
11*	5.01	5.25	4.95	85.93
12*	5.30	5.05	4.94	91.52
13*	4.78	5.06	5.27	90.21
14*	5.26	4.83	4.77	93.84
15*	4.67	5.06	4.96	84.81

实验选择了四种协方差函数，分别为平方指数(SE)、马特恩(Matérn32)、有理(RQ)和线性(LIN)协方差函数，超参数初值 $\theta=\{l_k=0.8,\sigma_f^2=0.1,\sigma_n^2=0.02\}$，用相对误差(Relative Error,RE)作为评价指标衡量预测精度，预测结果列于表 3-2，从表中可以看出对于该次实验选择 Matérn32 的性能最好。对同一个问题，不同的协方差函数的预测结果会有很大差异，选择什么样的协方差函数，由输入量和输出量表现出的空间关系做出选择。

表 3-2　不同协方差函数的预测性能比较

序号	实测值	协方差函数							
		SE		Matérn32		RQ		LIN	
		预测值	RE	预测值	RE	预测值	RE	预测值	RE
11	85.93	85.66	0.3%	85.74	0.2%	86.02	6.4%	92.48	7.6%
12	91.52	92.20	0.7%	91.63	0.1%	91.41	0.1%	93.20	1.8%
13	90.21	89.93	0.3%	90.13	0.1%	89.97	1.3%	92.12	2.1%
14	93.84	94.04	0.2%	93.93	0.1%	94.15	2.6%	90.59	3.5%
15	84.81	85.42	0.7%	85.03	0.3%	85.17	7.8%	89.33	5.3%

3.5 本章小结

变形监测产生的观测误差可以认为是符合高斯分布的随机变量，意味着高斯过程用于变形监测的数据分析有着先天的优势。如果观测值受异常值的干扰，则 GP 用于数据分析的基本假设就会不成立，在应用 GP 进行数据分析之前，首先要排除异常数据的干扰，这也是第 2 章进行监测数据可靠性分析的原因之一。

本章主要叙述了 GPR 和 GPC 的理论方法，回归和分类在测绘数据处理分析中应用广泛，特别是回归预测是变形监测数据分析面临的一个主要问题，鉴于 GPR 和 GPC 在后续章节中都有应用，本章为 GP 用于变形分析奠定理论基础。

第 4 章　面向时空序列数据的 GP 时空插值方法

4.1　概述

无论是传统的几何测量还是先进的 GNSS、GeoRobot，都需人为布置一定数量的监测点。监测点位的选择既受地形条件限制，有时还会受到施工作业干扰；另外，有时受成本的限制，监测点的布置数量也有限，从而致使监测点布置缺乏合理性且测点数目相对稀少。为了弥补监测点不足和布置不合理等缺陷，需要应用空间插值方法加以估计推测。

连贯的、实时的监测数据是进行时间序列分析的前提，但由于一些不可抗拒的因素影响，例如极端天气、数据传输故障、监测设备故障等，难免会造成监测点某个观测时刻的数据丢失，这时就需要利用历史观测数据来推断弥补缺失站点的监测数据，从而保证时序数据的完整性、连续性，为下一步的数据分析创造条件。现有文献多是在时间域上采用简单的线性插值法、Lagrange（拉格朗日）插值法和 Newton（牛顿）插值法等在时域上插值，研究的时域范围也十分有限，忽略了监测区内监测点间的时空相关性。

综上所述，无论是在时域上或是空域上，插值在变形数据处理中是不可或缺的，常用的插值方法主要有几何方法、统计方法、函数方法以及综合方法[131]，每种方法有其各自的特点，具体选择哪种方法，需要综合考虑，有时要反复试验调整，同时计算一些评价指标来衡量插值效果，整个过程从建模到计算费时费力。例如利用 Lagrange 插值法时，基函数计算复杂，每增加一个节点，所有基函数都要重新计算。

本章主要研究两种时空插值方法，即基于 GPR 的时空插值方法和 Kriging 时空插值方法。将 GPR 应用在缺失值估计推断中，统一简化处理流程，不必事先考虑采用什么样的函数模型，无论是在时域还是在空域上用 GPR 模型进行插值估计，都具有统一的输入输出接口。

与 GP 一脉相承的 Kriging 方法应用于众多学科，其可行性和有效性已得到证实，但是 Kriging 方法更多地应用于纯粹的空间插值，本章试图将 Kriging 空间插值扩展到时空域进行时空 Kriging 插值，用一类积和式构建时空变异函数，注重的是测点与测点的时空相关性。

4.2 GPR 插值方法

在变形数据分析中经常遇到以下两种情况：其一，在自动化监测过程中，如果遇到设备故障或极端天气，有时难免造成少数监测点数据缺失或某个观测时段的数据缺失；其二，监测点在变形区域内往往是有限的、离散的，这些有限的、离散的监测点空间布局并不规则，不适于图形显示和空间分析，为了便于可视化和数据分析通常将其转换为一个规则间距的空间格网。

对于第一种情形，考虑到每个监测点时间序列数据的自相关性，通常利用监测点已有的监测数据在时域上进行插值。例如，在图 4-1(a)中，编号为 p6 的监测点第 10 天的数据缺失，此时可以用除了第 10 天外其他监测时间点上的数据进行插值，插值结果设为 X_t。除此之外，考虑这一时刻监测点之间的空间自相关性，我们也可以用其他监测点第 10 天的监测数据在空间域上进行插值。例如，在图 4-1(b)中，利用 p1～p5 的数据对 p6 进行插值，插值结果设为 X_s。显然通过两种不同的途径得到的 X_t 和 X_s 是同一个点同一时刻的值，至于哪一个的可信度更高，一时难以评判，严格来说应该同时顾及时空自相关性更有说服力。

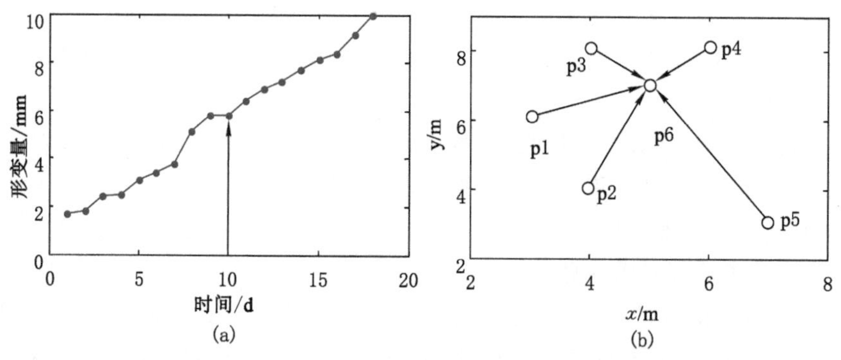

图 4-1 时空域上的插值比较

本书将 GPR 方法应用到时间域和空间域上进行插值研究，首先探讨的是在时间域上进行缺失数据的插补，其次讨论如何应用 GPR 在空间上构建一个连续的表面模型，其本质是二维插值问题。

4.2.1　GPR 在时域上插值

由图 4-1(a)可知，在时间域上插值时，用到的是同一点过去的历史时刻，输入量是插值时间点，输出的是插值时间点上的变形量，因此 GPR 在时间域上插值实质上是一维插值问题，GPR 在时间域上插值对训练样本数量 $d(d\geqslant 2)$并不要求恒定，训练样本的位置随着输入时间的变化而变化，训练样本只需覆盖输入时间就能完成插值。假设输入插值时间点为 t，在时间 t 处向前选择 $m(m\geqslant 1)$个样本，向后选择 m 个样本，总的训练样本数为 $2m$。

为了证明 GPR 在时域上插值的可行性，随机选择任意一个监测点第 5 个月的数据进行实验，实验数据见表 4-1。在 5 月份期间，其中有 3 天的观测数据缺失。

表 4-1　C4-02 点 5 月份的变形量

时间	变形量/mm	时间	变形量/mm	时间	变形量/mm	时间	变形量/mm
4-01	−1.7	4-09	−3.6	4-17	−6.6	4-25	−8.3
4-02	−2.3	4-10	−3.4	4-18	−7.4	4-26	−8.6
4-03	缺失(−2.1)	4-11	−3.5	4-19	−7.5	4-27	−8.5
4-04	−2.0	4-12	−3.5	4-20	−7.2	4-28	−8.8
4-05	−2.51	4-13	−3.5	4-21	−7.9	4-29	−8.8
4-06	−3.1	4-14	−3.9	4-22	−7.8(−7.9)	4-30	−9.5
4-07	−2.8	4-15	缺失(−4.7)	4-23	−8.2	4-31	−8.8
4-08	−3.0	4-16	缺失(−5.7)	4-24	−8.6		

实验随机挑选了第 22 天的数据用于插值检验，并将插值结果与实测值进行对比。实验分为两个方案进行，即选择 $m=1$ 和 $m=5$ 进行插值。当选择 $m=1$时，用到第 21 天和第 23 天的数据内插第 22 天的变形量。实验步骤如下：

(1) GPR 训练样本中的输入矢量 $\boldsymbol{x}=[21,23]$；GPR 输出矢量 $\boldsymbol{y}=[-7.9,-8.2]$组成两个训练样本对；

(2) 选择协方差函数 SE，经过 GPR 训练学习，求解超参数；

(3) 输入新的插值时间点 $t=22$，经 GPR 计算得到第 22 天的变形值，并与实测值对比求出残差；

(4) 将训练样本中输入矢量 $\boldsymbol{x}=[21,23]$ 区间以 0.2 的间距进行等分，将等分后的值作为 GPR 的输入项，输出对应的 $\boldsymbol{y}$ 值和方差，顺序连接输出量得到 GPR 的中心线，并以 5％的置信水平输出置信区间。

按照上述实验方法和步骤，当 $m=1$ 时，经 GPR 在时间域上的插值结果如图 4-2 所示，得到的均值中心线近似为一直线，显然在仅有两个训练样本对的情况下，GPR 在时域上的插值结果与线性插值的结果近似。当 $m=5$ 时，插值结果如图 4-3 所示，整个均值中心线是一条光滑的曲线，在 21 与 23 之间也并非直线连接，插值结果为 -7.9，残差由 0.3 减小到 0.12，插值精度随之提高。如果继续增加 m 的值，插值效果并没有明显改善。因此，应用 GPR 在时间域进行插值时，设计程序时参数 m 默认为 5，但在插补第 3 天的数据时，需要调整 m 为 2，因为在第 3 天之前仅有两个已知数据。表 4-1 括号中的值是 GPR 在时域上插值第 15、第 16 天的估计结果，图 4-4 所示是 GPR 插值输出的曲线。

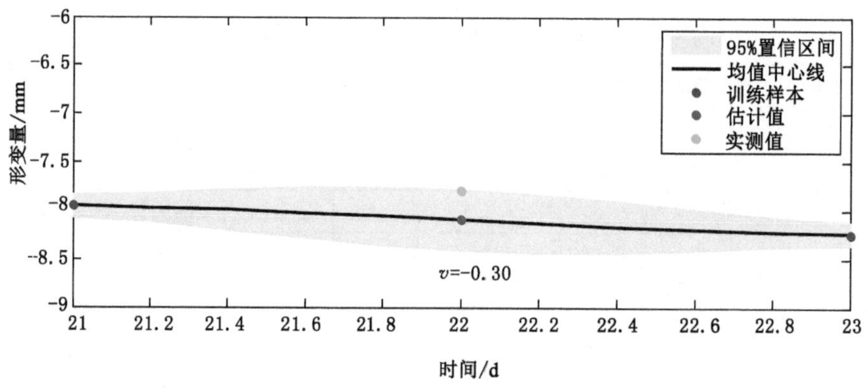

图 4-2 当 $m=1$ 时的插值结果

实验表明，GPR 完全能够用于在时间域上进行缺失数据的插补，当参数 $m=1$ 时近似为线性插值，当 $m>1$ 时 GPR 在时域插值调整为非线性插值，插值结果令人满意。

4.2.2 GPR 各向异性空间插值[132]

在地理空间数据中，具有不均匀位置分布的数据被称之为离散数据，这些数据的坐标是通过平面二维地理空间定位的平面坐标确定的，其高程和属性

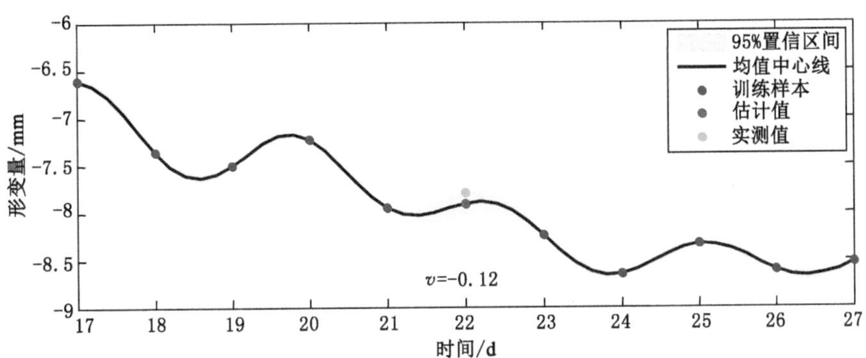

图 4-3　当 $m=5$ 时的插值结果

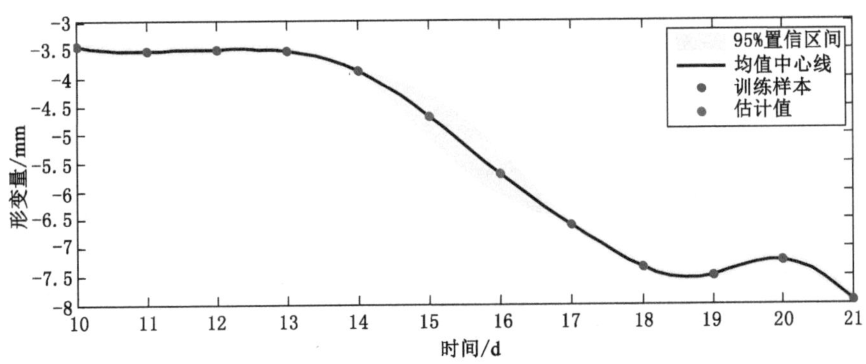

图 4-4　当 $m=5$ 时插值第 15、第 16 天的结果

值通常被看作第三位数据，空间插值就是一种通过这些离散的空间数据计算位置空间数据的方法。

假设在插值区域内有 n 个已知样本点，其数据集为 $D=\{x_i, y_i, z_i\}$，其中 x 和 y 分别表示样本点的平面坐标信息，z 为样本的属性值。可以发现，GPR 空间插值的输入值为二维数据，此时可考虑使用自动关联确定（Automatic Relevance Determination，ARD）形式的协方差函数，对于 SE 协方差函数而言，其 ARD 形式如下：

$$k_{\mathrm{SEARD}}(x, x') = \sigma_{\mathrm{f}}^2 \exp\left(-\frac{(x-x')^{\mathrm{T}} M (x-x')}{2}\right) \tag{4-1}$$

式(4-1)中，M 是一个对角矩阵，其对角线上各个元素表示输入维度上的特征尺度参数，在实践中输入样本坐标及属性值，使用此协方差函数即可对空间数据进行 GPR 空间插值计算。

在地理属性的空间分布中，不仅呈现出空间自相关特征，还具有一定的各向异性。通过获取空间数据属性的方向性变化特征，最终得到各向异性空间坐标系下的坐标 $C=(x, y)$。在此各向异性坐标系下，两观测点之间的距离为：

$$d = \sqrt{(x-x')^2 + (y-y')^2} \tag{4-2}$$

GPR 插值方法是通过协方差函数判断两点间的相关程度，将其代入 SE 协方差函数中，可得：

$$k_{\mathrm{SE}}(\tau) = \sigma_{\mathrm{f}}^2 \exp\left(-\frac{(x-x')^2 + (y-y')^2}{2l^2}\right) \tag{4-3}$$

使用此协方差函数对数据进行 GPR 建模，便可得到顾及方向性变化特征的插值模型。从另一种思路出发，在 GPR 模型的协方差矩阵中，各元素值代表不同观测点之间的相关程度，这种相关程度是在地理学第一定律的基本假设下，由两点之间的距离代入协方差函数计算决定。各向异性坐标系下的 GPR 在本质上是通过重构两点间距离，对相关程度进行重新刻画，从而达到对方向性变化特征进行描述的要求。

对于时空序列数据而言，除通过距离判断两点间的相关程度，还可对两个观测点的历史数据进行时间序列分析，计算两观测点间的相关性系数 ρ。通过对比不同点对之间的相关性系数 ρ_{ij}，即可衡量不同观测点对之间相关关系的差异性程度：

$$\rho_{ij} = \frac{\mathrm{Cov}(Z^i, Z^j)}{\sqrt{\mathrm{var}(Z^i)\mathrm{var}(Z^j)}} \tag{4-4}$$

式(4-4)中，Z^i 和 Z^j 分别表示第 i 个和第 j 个观测点的时间序列数据，可以看出，相关性系数 ρ 既可以表示两点之间的关联程度，又可考察不同观测点对之间关联程度的差异。因此，可使用相关性系数 ρ 替代传统核函数中的欧式距离 d，不仅能够实现对各向异性的考察，而且能够随着新数据的加入对其进行动态更新，更具有实时性。基于相关系数的各向异性时空 SE 协方差函数可表示为：

$$k_{\mathrm{SE}}(\tau) = \sigma_{\mathrm{f}}^2 \exp\left(-\frac{1-\rho}{2l_1^2} - \frac{(t-t')^2}{2l_2^2}\right) \tag{4-5}$$

使用相关距离的协方差函数对地理空间数据进行 GPR 空间插值，即可得到在相关性考量视角下的各向异性插值结果。在 GPR 空间插值的实际应用中应首先对空间数据表现出的空间特征进行具体分析，之后选择与该特征相对应的算法进行具体插值运算。

地理学第一定律的基本假设为，在同一片区域中，两个距离越近的点其具有相似属性值的可能性越大，而距离较远的点则具有相似属性值的可能性较小。因此，在 GPR 空间插值中，参与插值的样本点也是一个重要因素，应尽量选择距离待预测点相近的观测点作为训练样本。虽然 GPR 对于样本点的数量要求并不苛刻，但如果数量太少，也会影响最终的插值精度[133]。因此在训练样本集的选取中要具体问题具体分析，在实际研究中一般是通过动态圆半径选点法确定样本集。动态圆半径选点法是从数据的平均密度出发，以待预测点为圆心，半径为 R，确定最终落入圆内的样本点，半径 R 的计算公式为[78]：

$$\pi R^2 = 10 \times (A/N) \tag{4-6}$$

式中　A——待插值点所在区域的总面积；

N——观测点的总个数。

在实际应用中，常常还会遇到观测点分布不均匀的情况，即观测点集中分布在待插值点的一侧，而另一侧的数据量很少。如果仍按常规流程进行 GPR 插值，会使得预测结果偏向观测点多的方向，此时可以以待预测点为圆心，将动态圆平均分割为几个扇形，计算每个扇形内的加权平均作为此扇形的样本点，便可最大限度地减少观测点不均匀造成的干扰。

4.2.3　GPR 时空加权插值

即使是插值同一个点，GPR 在空间域上的插值结果和 GPR 在时间域上的插值结果也有所差异，考虑到变形的时空关联性，如何将二者的插值结果关联起来是一个需要解决的问题。由于 GP 能够输出插值结果的方差，代表了插值的不确定性，因此，可以利用方差定权公式将时间域上的插值结果和空间域上的插值结果联合计算看作是 GPR 时空联合插值结果。

设 GPR 在空间域上的插值结果为 h_s，方差为 σ_s^2；GPR 在时间域上的插值结果为 h_t，方差为 σ_t^2，则用式(4-2)计算 GPR 时空联合插值结果 h_{ts}。

$$h_{ts} = \frac{\sigma_s^2 h_t + \sigma_t^2 h_s}{\sigma_s^2 + \sigma_t^2} \tag{4-7}$$

4.2.4　GPR 时空联合插值

可以看出，上述方法虽然实现了时间域和空间域联合插值，从形式看仍是时间和空间单独插值后的线性组合结果，并不能真正称为时空一体化模型。

为构建时空一体化模型，可将观测点所在的整个时间和空间范围视为一个时空变化区域，由空间二维平面和时间维组成一个时空立方体。如图 4-5 所示，以时间 T 为 Z 轴，空间坐标为 X、Y 轴建立时空坐标系，每个观测点通过其时空坐标(x,y,t)确定位置，并且带有一个属性观测值 s。该时空立方体描述了二维空间沿着时间维演变的过程，给定任意一个时间点便可从三维立方体中获得相应的截面，即可在该时间点上观测区域的空间分布。

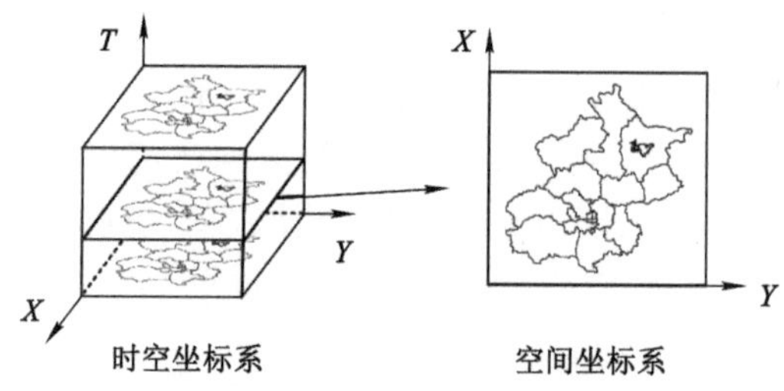

图 4-5 时空立方体模型

在时空立方体中，地理学第一定律仍然适用，即时空位置距离越近的观测点相关性越大，其属性值相似的可能性越强。由 3.4 节可知，GPR 协方差函数通常是用 $r = x - x'$ 表示两点之间的欧式距离，从而衡量两点之间的相关性，将这种衡量标准代入时空立方体中，是一个时空三维距离 τ。由于在时间维和空间维中，对于距离的衡量标准不同，对其进行加权融合[132]：

$$\tau = \sqrt{a((x-x')^2+(y-y')^2)+b(t-t')^2} \tag{4-8}$$

式(4-8)中，a 和 b 分别为时间维度距离与空间维度距离的权，将此三维时空距离代入 SE 协方差函数可得：

$$k_{\mathrm{SE}}(\tau) = \sigma_{\mathrm{f}}^2 \exp\left(-\frac{a((x-x')^2+(y-y')^2)+b(t-t')^2}{2l^2}\right) \tag{4-9}$$

令 $l_1 = \dfrac{\sqrt{a}}{l}$，$l_2 = \dfrac{\sqrt{b}}{l}$，可得融合时空信息的 SE 协方差函数为：

$$k_{\mathrm{SE}}(\tau) = \sigma_{\mathrm{f}}^2 \exp\left(-\frac{(x-x')^2+(y-y')^2}{2l_1^2}-\frac{(t-t')^2}{2l_2^2}\right) \tag{4-10}$$

式中 l_1 和 l_2 分别对应空间维上的特征长度尺度参数和时间维上的特征长度尺度参数，经由样本训练便可得到其自适应解，无须对其进行经验赋值，实现了时空维度的智能化融合。求得最优超参数后，在 GPR 时空插值模型中输入新的时空位置(x_*,y_*,t_*)，便可得到该位置的预测属性值 s_*。

GPR 时空插值模型与时间插值模型和空间插值模型相比，增加了一个维度的数据，而 GPR 在求解超参数过程中需不断对协方差矩阵求逆，其复杂度为 $O(n^3)$，且由于其对数似然函数不是凸函数，学习样本过多时可能导致多个局部最优解，从而影响模型的求解效率。并且，当训练样本个数大于阈值时，时空距离较远的点会由于其相关性较小而造成模型求解精度下降。因此，为保证 GPR 时空插值精度，在实际应用中，应首先考虑训练样本集的选择问题。

在时间维上，以待预测点为基点，将数据分为前向样本集与后向数据集，即发生在待预测点时间前与时间后的样本集。按下式计算不同时间段空间序列数据之间的平均相关系数：

$$\rho = \frac{1}{t}\sum_{t=1} \frac{\mathrm{Cov}(S_0, S_t)}{\sqrt{D(S_0)}\ \sqrt{D(S_t)}} \tag{4-11}$$

式中　S_0——待预测点所在的空间序列；

t——距离待预测点所对应时间的时间间隔；

S_t——距离待预测点 t 个时间单位的空间序列；

ρ——平均相关系数。

首先删除待预测点所在的时间序列，并计算 S_0 与 S_{t+1} 之间的平均相关性系数 ρ，若 ρ 大于阈值，则令 $t=t+1$，动态计算直到当 $t+1$ 时刻平均相关性系数 ρ 小于阈值。选择此时的 t 作为后向样本集的范围。同理可获得前向样本集的范围。

GPR 时空插值模型的动态预测流程如图 4-6 所示。

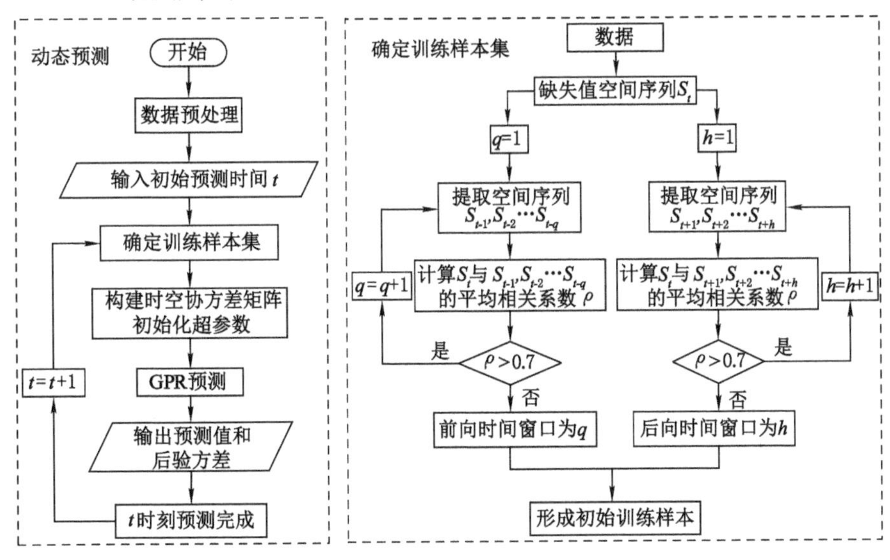

图 4-6　GPR 时空插值流程

4.3 Kriging 时空插值方法

Kriging 方法是以变异函数理论和结构分析为基础，根据未知样点有限邻域内的若干已知样本点数据，以及变异函数提供的结构信息，对未知样点进行的一种线性无偏最优估计[134]。在实际应用中，常采用抽样的方式获得区域化变量在某个区域内的值，Kriging 方法常用于二维空间插值。

本节将普通 Kriging 空间插值扩展到时空域进行时空 Kriging 插值，用一类积和式构建时空变异函数，注重的是测点与测点的时空相关性，此时的区域变化量将演变成为时空区域变化量[135]，时空位置用函数 $Z(h_a,t_a)=Z(x,y,z,t)[h_a=f(x,y,z)]$表示，将普通 Kriging 进行时空扩展，即：

$$Z^{\square}(h_p,t_p)=\sum_{i=1}^{n(u,t)}\lambda_i Z(h_i,t_i)\text{，且}\sum_{i=1}^{n(u,t)}\lambda_i=1 \tag{4-12}$$

式中 $Z^*(h_p,t_p)$——未知点 p 的估计值；

$Z(h_i,t_i)$——未知点周围的已知点 i 的观测值；

λ_i——第 i 个已知样本点的权重；

$n(u,t)$——已知样本点对的数目。

4.3.1 Kriging 时空变异函数

4.3.1.1 实验变异函数值估计

为求取权重系数 λ，首先根据观测数据计算变异函数 $\gamma(h_s,h_t)$的估计值 $\gamma^*(h_s,h_t)$，即实验变异函数值，用所有已知样本点组成的任意点对计算时空变异函数值，用式(4-13)进行估算。

$$\gamma^*(h_s,h_t)=\frac{1}{2n(h_s,h_t)}\sum_{i=1}^{n(h_s,h_t)}[z(h_i,t_i)-z(h_i+h_s,t_i+h_t)]^2 \tag{4-13}$$

式中 h_s,h_t——相对应的样本空间分隔距离和时间分隔距离；

$Z(h_i,t_i)$——点 i 的观测值；

$Z(h_i+h_s,t_i+h_t)$——与 $Z(h_i,t_i)$在空间上相距 h_s、时间上相距 h_t 的观测值；

$n(h_s,h_t)$——时空分隔距离为 h_s 和 h_t 的样本点对总数。

取不同的分隔距离(h_s,h_t)，用式(4-13)可计算出相应的 $\gamma^*(h_s,h_t)$，以 h_t 和 h_s 为横轴，γ^* 为竖轴绘制实验变异函数散点图，通常在实验变异函数散点图上经过目视找出与实验变异函数值相吻合的理论变异函数模型。

4.3.1.2　时空变异函数模型

构建变异函数并正确地估计模型参数是时空 Kriging 插值的核心，常用的有效的变异函数模型有指数模型、球形模型、高斯模型，式(4-14)是球形模型的一般计算公式[136-137]。

$$\gamma(h)=\begin{cases}0 & h=0\\ C_0+C\left(\frac{3}{2}\cdot\frac{h}{a}-\frac{1}{2}\cdot\frac{h^3}{a^3}\right) & 0<h\leqslant a\\ C_0+C & h>a\end{cases}\tag{4-14}$$

式中　C_0——块金值；

C_0+C——基台值；

C——偏基台值；

a——变程。

根据变异函数散点图分布特点，选择合适的变异函数模型拟合出变异函数曲线，变异函数曲线反映了一个采样点与其相邻采样点的空间关系，图 4-7 所示是典型的变异函数曲线和参数。

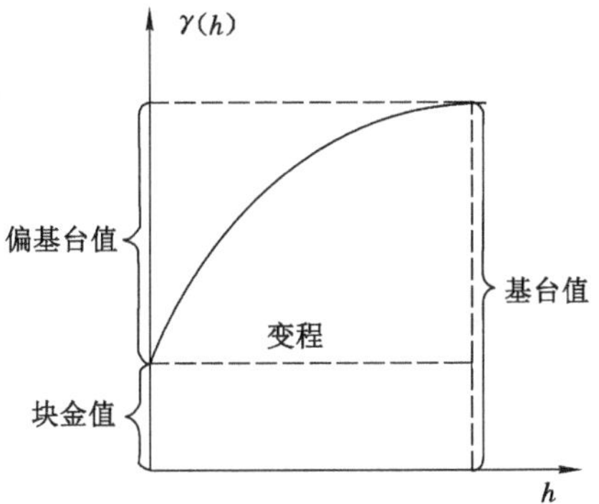

图 4-7　典型的变异函数曲线和参数

在图 4-7 中四个相应的参数为块金值(C_0)、变程(a)、偏基台值(C)、基台值(C_0+C)，这四个参数决定了区域变化量在空间上的变异性，就构造空间变异函数模型而言，技术方法成熟。

在变程 a 为半径的邻域内，任何两点的数据都是相关的，其相关程度一般随两点的距离增大而减弱。块金系数 $U[U=C_0/(C_0+C)]$是块金值与基台值的比值[137]，用于反映变量的空间自相关程度，其值越小表明自相关程度越高。

将空间域扩展到时空域，时空变异函数模型的建立相比空间变异函数复杂。目前，关于时空变异函数模型的研究主要可分为两大类：可分离型和不可分离型[138]。可分离型主要通过将空间变异函数与时间变异函数简单地相乘或相加得到，分割了时间空间的相关信息；不可分离型虽然构建相对复杂，但更有效地描述了变量的时空变异结构。其中，一类积和式是常用的一种不可分离模型，式(4-15)是一类积和式时空变异函数模型[139-140]。

$$\begin{cases}\gamma_{st}(h_s,h_t) = [k_1 C_t(0) + k_2]\gamma_s(h_s) + [k_1 C_s(0) + k_3]\gamma_t(h_t) - \\ \qquad k_1\gamma_s(h_s)\gamma_t(h_t) \\ k_1 = [C_s(0) + C_t(0) - C_{st}(0,0)]/C_s(0)C_t(0) \\ k_2 = [C_{st}(0,0) - C_t(0)]/C_s(0) \\ k_3 = [C_{st}(0,0) - C_s(0)]/C_t(0)\end{cases} \tag{4-15}$$

式中 γ_{st}，γ_s，γ_t——时空变异函数、空间变异函数和时间变异函数；

$C_{st}(0,0)$，$C_s(0)$，$C_t(0)$——各函数对应的基台值，这三个量可用时空变异函数实验模型进行估计；

k_1，k_2，k_3——模型中的辅助参数。

时空变异函数 $\gamma_{st}(h_s,h_t)$的一个主要优点是根据空间变异函数 $\gamma_s(h_s)$、时间函数 $\gamma_t(h_t)$和时空台基值 $C_{st}(0,0)$来确定。用式(4-15)可以计算出任意两点的时空变异函数值，在估计误差的方差最小的条件下，引入拉格朗日乘除数，然后应用 LS 可求得权重系数 λ，许多文献进行过详述[135,137,141]，这里不再说明。

空间 Kriging 插值只能估计某一时间上未知区域的变形量，估计任意时刻任意位置的变形量，需要用到时空 Kriging 插值，时空插值的计算步骤如下：

(1) 运用式(4-13)计算实验时空变异函数值，并估计时空台基值 $C_{st}(0,0)$。

(2) 分别设 $h_t=0$ 和 $h_s=0$ 得到对应的 $\gamma_s(h_s)$和 $\gamma_t(h_t)$，拟合最佳空间变异函数和时间变异函数，得到相应的 $C_s(0)$和 $C_t(0)$。

(3) 计算 k_1、k_2和 k_3，将参数 $C_{st}(0,0)$、$C_s(0)$、$C_t(0)$代入式(4-15)得到时空变异函数模型。

(4) 利用时空变异函数计算各个观测点的权重系数 λ_i，用式(4-12)计算待估计点 Z^*。

4.3.2 Kriging 时空插值实验

为了证明将 Kriging 空间插值扩展到时空进行时空联合插值的优越性，实验选择 Kriging 空间插值和 Kriging 时空插值进行对比。实验数据由 20 期数据组成，因个别监测点数据缺失，总的监测数据量个数小于 $n=63\times20$。区

域变化量为 $Z_k(h_i)[i=1,2,\cdots,q(k)](k=1,\cdots,m)$，$m$ 为周期数，$m=20$。

4.3.2.1　Kriging 空间插值变异函数

取每期的监测数据用普通 Kriging 进行独立的空间插值，根据监测点的平均距离和分布，最终确定的空间分隔距离为 5m。计算实验变异函数值并作散点图，选择球形模型拟合变异函数曲线，得到对应的变程、基台值、块金值参数，将其代入式(4-14)可求得任意点对的变异函数值。

图 4-8 所示是其中两个不同周期的空间变异函数值的分布及拟合后的变异函数曲线，各自的参数有差异列于表 4-2。第 12 期的变程有所减小，表明监测点较第 7 期的变异范围减小，相对稳定一些；第 12 期的块金值较小，表明随机性因素影响更小一些；两期的块金系数都较小，变形有较强的自相关性，可以进行 Kriging 空间插值。

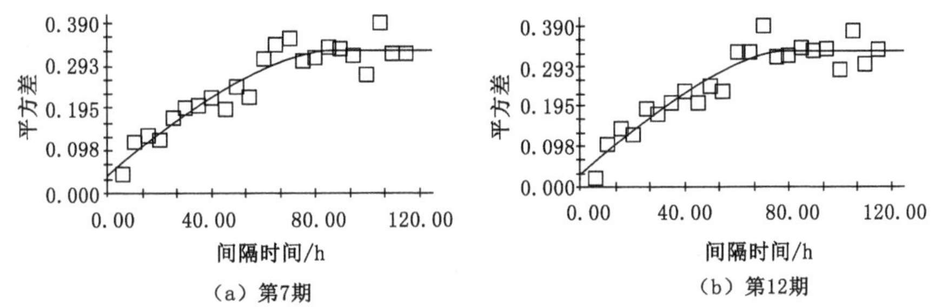

图 4-8　两个不同周期的空间变异函数值的分布及拟合后的变异函数曲线

表 4-2　空间变异函数参数

周期	变程 a_s/m	$C_s(0)$/m^2	C_s/m^2	U_s/%
7	80.5	0.042 8	0.326 6	11.5
12	68.4	0.026 9	0.330 8	7.5

4.3.2.2　Kriging 时空插值变异函数

分别单独构建时间变异函数实验模型($h_s=0$)和空间变异函数实验模型($h_t=0$)得到相应的 $C_t(0)$ 和 $C_s(0)$，按照时空插值的计算方法，进行时空插值得到时空变异函数的参数(表 4-3)，其中时间块金系数小于空间块金系数，表明时间上的相关性强于空间的相关性，受随机因素的影响增大，时空块金值有所增加。根据表 4-3 中的参数值用式(4-15)求得另外三个参数值(k_1，k_2，k_3)。图 4-9(a) 所示是时空数据利用式(4-13)建立的时空变异函数的实验模型，图 4-9(b) 所示是用式(4-15)计算得到的一类积和模型。

表 4-3　时空变异函数参数

$C_{st}(0,0)$	$C_t(0)/d^2$	$C_s(0)/m^2$	C_t/d^2	C_s/m^2	U_t	U_s	a_t/d	a_s/m
0.072 1	0.001 8	0.059 8	0.082 4	0.3491	2.1%	14.6%	15	78.25

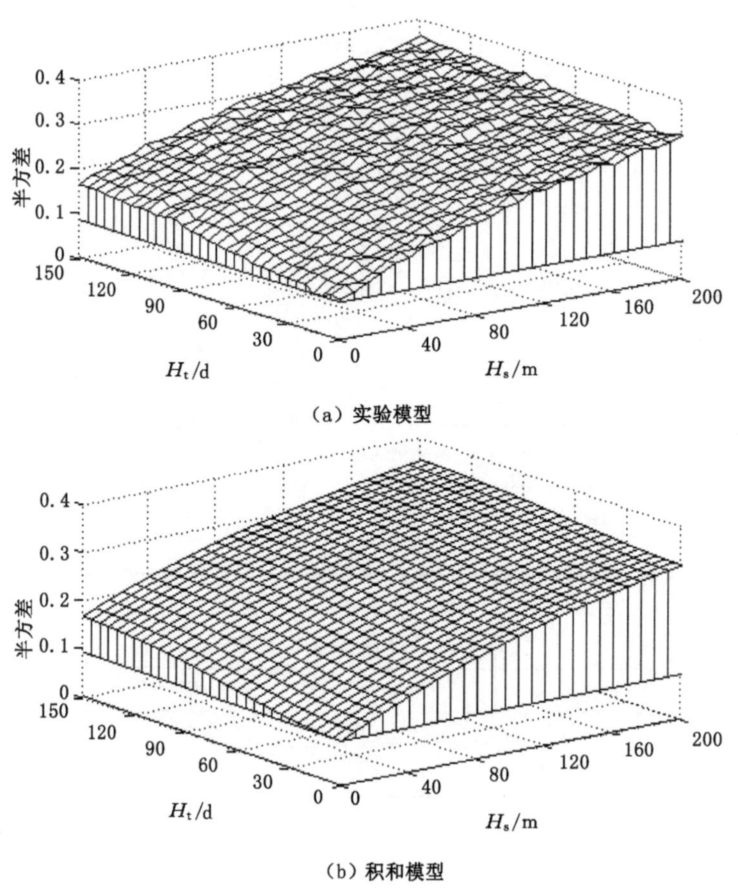

(a) 实验模型

(b) 积和模型

图 4-9　实验模型和积和模型

将变形区域进行网格化，在格网点上对累积垂直位移分别进行空间插值和时空插值，并将变形值叠加最初高程值建立三维时空表面模型，如图 4-10 所示。从模型中可以看出，接近边坡底部位置变形较大，二号井边坡上方的变形较小，整体上看两种插值结果略有区别。

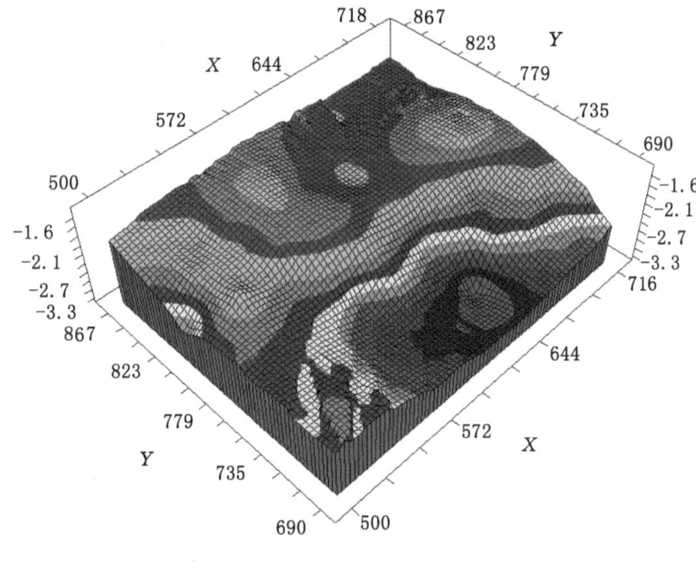

（a）空间插值

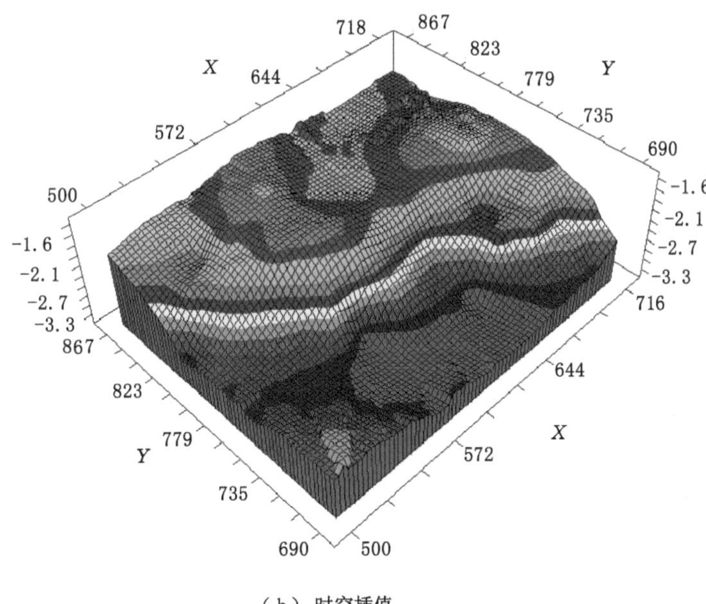

（b）时空插值

图 4-10　空间插值和时空插值的三维模型

4.4 本章小结

进行变形监测数据分析时，经常会涉及数据插值问题，本章重点研究了变形监测数据时空插值方法，主要研究了 GPR 在时间域的插值方法和 GPR 在空间域的插值方法，用实验证明了 GPR 在一维时间域上插值可以适应线性和非线性插值，以及 GPR 各向异性空间插值及 GPR 时空联合插值方法。

考虑到 Kriging 是一种成熟优秀的空间插值方法，本章同时研究了将普通 Kriging 空间插值扩展到时空域进行 Kriging 时空插值，经过普通 Kriging 空间插值与 Kriging 时空插值进行对比，结果表明 Kriging 时空插值的精度有所提高。Kriging 时空插值通过构建时空变异函数同时兼顾了时间和空间的变异性，可以在任意位置和任意时刻进行插值，实现了真正意义上的时空插值，但 Kriging 时空插值与 GPR 时空插值相比要复杂一些。

研究时空插值方法，不仅对时空缺失数据进行插补，形成完整的时空序列数据，而且为后续章节的时空数据进行整体分析奠定了基础。

第 5 章　面向时空序列数据的智能变形分析方法

5.1　概述

无论变形体的变形机理多么复杂，在孕灾过程中都会导致地面发生变形，而这样的变形最终由监测点的位移得以反映。特别是自动化监测系统获取的是高精度的三维位移矢量，这对监测点三维时空位移特征分析创造了有利条件。用于监测点时空位移特征分析常用的绝对指标主要有累积位移量、累积位移速率等。仅用绝对指标凸显不出监测点的相对稳定状态，假如某个监测点自监测以来的累积位移速率为 0.1 mm/d，其中某一天的位移速率为0.5 mm/d，表面上看二者的变形速率都很小，但这天的位移速率却增加到 5 倍，相对而言是不稳定的，这种相对变化量在变形分析时不容忽视，为此，需要研究相对指标描述监测点的相对稳定性。

引起变形体变形破坏的内在因素多，其中多数因素都具有不确定性，当这些因素的综合作用聚集到一定程度的时候，在外因的作用下，如地震或暴雨，可能诱发整体崩塌。现有分析方法多数是侧重于分析变形区域整体上是否稳定，如研究边坡整体失稳判据[26]、边坡稳定性快速评价方法[142]等。

变形体发生整体崩塌之前往往表现出一些前兆现象，例如可能会发生局部塌陷、局部崩塌、新增裂缝或已有裂缝增宽延长等。这些局部区域相对来说就是不稳定区域，在变形监测的过程中，探测和识别相对不稳定区域显得非常重要。要想探测发现这些变形特征，仅分析单个监测点的变形特征存在一定的局限性，任何一个监测点的变形都不是孤立的，它在受到其他监测点影响的同时，也影响着其他点的变形，目前，就变形区域局部稳定性的分析还鲜有探索。

5.2 三维位移特征分析

自动化监测系统能够快速获取监测点某个时刻的三维空间位移量，从而能够对监测点的三维时空位移特征进行快速分析，便于即时掌握监测点的变形状态。对变形区域的位移特征进行分析之前，首先需要了解有哪些重要的指标用来描述监测点的变形特征。

5.2.1 三维位移特征标量

5.2.1.1 累积位移量

累积位移量顾名思义就是监测点从某个时刻算起到当前时刻发生的总位移量，可分为垂直方向的位移量和水平方向的位移量，也可用三维位移量表示监测点在三维空间内发生的位移量。累积位移量是衡量监测点变形状态的一个基本指标，通过累积位移量总体上能够把握变形区域发生了多大的位移，例如哪个监测点自监测以来发生的累积位移量最大或变形区域哪部分发生的累积位移量最大。

设监测点初始的空间坐标为(x,y,z)，经过时间 t 后，其发生的三维累积位移量为 $d_s=(d_x,d_y,d_z,t)$，则三维空间上的累积位移量为：

$$d_s(t) = \sqrt{d_x^2 + d_y^2 + d_z^2} \tag{5-1}$$

由式(5-1)可知，经过 t 后，监测点的坐标会发生改变$(x+\mathrm{d}x, y+\mathrm{d}y, z+\mathrm{d}z, t)$，一般来说，发生的位移量与坐标值相比是一个微小量，在有些情况下，可以将经过 t 后测点的坐标近似为原来的坐标(x,y,z)。

5.2.1.2 累积位移速率

在工程实践中经常采用位移速率刻画变形区域的稳定性[34]，监测点在经过时间周期 T 发生的累积位移速率为：

$$\bar{v}_s(T) = \frac{1}{T}\sum_{i\in T} d_s^i(t) \tag{5-2}$$

时间周期与观测周期的时间尺度可以一致也可以不一致。例如，观测周期为小时，时间周期选择为天；观测周期为天时，时间周期可为周或月；观测周期为月时，时间周期可选择为季度或年。由此可见，根据时间周期和观测周期可以选择在某种时间尺度下度量累积位移速率。

累积位移速率常用来判断边坡变形演化处于哪个阶段，学术界普遍认为边坡的变形演化分为三个阶段，即初始变形阶段、等速变形阶段和加速变形阶段，边坡变形演化的三阶段规律是边坡岩土体在重力作用下变形演化所遵循的一个普遍规律[143-144]。目前常见的边坡变形阶段识别方法有地质综合定性识别法[145]和累积位移速率法[143]，其中累积位移速率法根据累积位移-时间过程曲线呈现出的特征识别边坡变形发展的三个阶段，如图 5-1 所示。

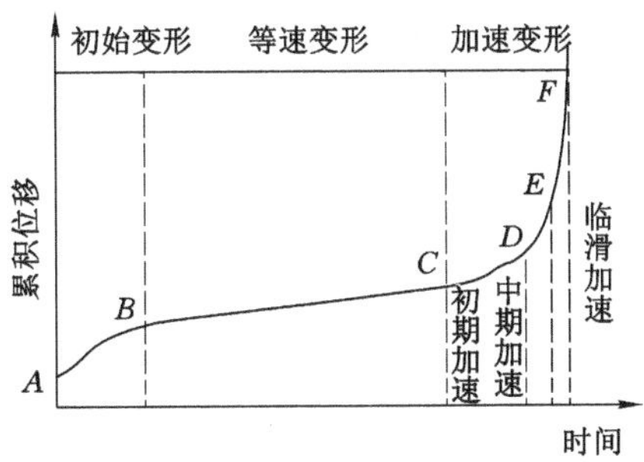

图 5-1　边坡变形阶段划分[156]

5.2.1.3　累积位移速率角

累积位移-时间过程曲线图可以由人工进行定性分析和判别，而自动化监测系统还需要定量实时分析。王家鼎等[157]根据边坡位移-时间曲线的形态特征，提出了用累积位移速率角（曲线切线角）判别边坡处于哪个变形阶段，计算监测点的切线角公式如下：

$$\delta_i = \arctan\left[\frac{S(i) - S(i-1)}{B(t_i - t_{i-1})}\right] \quad (i = 1, 2, \cdots, n) \tag{5-3}$$

其中：

$$B = \frac{S(n) - S(1)}{t_n - t_1}$$

式中　i——开始时刻到截止计算时刻的时间序数（$i=1,2,\cdots,n$）；

$S(i)$——对应的累积变形量；

t_i——累积的监测时间。

从式(5-3)中可以看出，监测点的切线角趋于减小，表明变形体处于初始变形阶段；维持一个恒定值，表明变形体处于等速变形阶段；逐渐增大，表明变形体变形进入加速阶段。因此，可用切线角的线性拟合方程的斜率来判定变形体处于哪个变形阶段。式(5-4)是计算斜率 A 的公式，拟合结果 A 小于 0 时，表明变形体处于初始变形阶段；当 A 等于 0 时，表明变形体处于等速变形阶段；当 A 大于 0 时，表明变形体处于加速变形阶段。

$$A=\frac{\sum_{i=1}^{n}(\delta_i-\bar{\delta})(t_i-\bar{t})}{\sum_{i=1}^{t}(t_i-\bar{t})^2} \tag{5-4}$$

式中 $\bar{\delta}$——δ_i 的平均值；

$\bar{t}$——t_i的平均值。

5.2.1.4 累积位移速率比

以上三个指标是衡量监测点变形特征的绝对指标，是带有量纲的。衡量监测点的变形特征既要考虑长期的累积位移速率，也要顾及短期内的位移速率。本书将短期位移速率和累积位移速率的比值定义为累积位移速率比，作为衡量、评价监测点变形状态的一个相对指标，以此来分析监测点的相对稳定状态。

设监测点从 t_0为初始时刻到当前时刻 t_m 的累积位移速率为 $\bar{v}$，短期内从 t_p到 t_m 的变形速率为 v，则累积位移速率比 λ 定义为：

$$\bar{v}=\frac{\sum s}{(t_m-t_0)},v=\lim_{\Delta t\to 0}\frac{\Delta s}{\Delta t},\lambda=\frac{v}{\bar{v}} \tag{5-5}$$

式中 $\Delta t=t_m-t_p$——选定的时间间隔；

Δs——Δt 期间内发生的累积位移量；

$\sum s$——t_0 到 t_m 期间发生的累积位移量。

特殊的是一个监测点始终处于稳定状态，即 Δs 和 $\sum s$ 为零的情况。更为特殊的是，监测点的累积位移量 $\sum s$ 在某个时间点或时间段变为零的情况，虽然出现这种情况的可能性极小，实际计算时，给 $\sum s$ 增加一个微小量以避免出现 $\sum s$ 为零的情况。

特别强调的是，为突出短期内监测点的变形状态，尽量缩短时间间隔 Δt，Δt 通常取 1 个监测周期的间隔，通过 λ 的值从以下三个方面可定量分析监测点的变形状态。

(1) 根据 λ 的计算序列对监测点相对稳定状态进行等级划分：设监测点从 t_0为初始时刻到当前时刻 t_m 总共经历了 u 个 Δt_i($i=1,2,\cdots,u$)，由式(5-5)计算每个 Δt_i期间发生的λ_i($i=1,2,\cdots,u$)，得到的 λ_i彼此独立。由中心极限定理可知，随着 u 值的增加，λ_i序列近似为正态分布，为此，可以根据 λ_i序列的结果将监测点的变形状态划分为不同的等级。具体方法是用 λ_i的平均值

$\bar{\lambda}$ 和各个时段的 λ_i 计算出对应的残差值 v_i 以及标准差 σ，参考极限误差大于 3 倍标准差(σ)这一准则[112]，将监测点的相对稳定状态分成四个等级：当 $|\theta_i| \leqslant \sigma$ 时，认为监测点稳定；当 $\sigma < |\theta_i| \leqslant 2\sigma$ 时，为较稳定；当 $2\sigma < |\theta_i| \leqslant 3\sigma$ 时，为不稳定；当 $|\theta_i| > 3\sigma$ 时，为极不稳定。其中标准差的计算公式为：

$$\bar{\lambda} = \frac{1}{u}\sum_{i=1}^{u}\lambda_i,\sigma = \sqrt{\frac{[\theta\theta]}{u-1}} \tag{5-6}$$

式中 $\theta_i = \lambda_i - \bar{\lambda}(i=1,2,\cdots,u)$；

u——Δt 的个数；

$\bar{\lambda}$——均值。

(2) 根据 λ 的符号分析累积位移量的变化：当 $\lambda_i > 0$ 时，表明监测点相比前一个 Δt_{i-1} 的累积位移量增加；当 $\lambda_i = 0$ 时，表明监测点对比前一个 Δt_{i-1} 的累积位移量没有变化；当 $\lambda_i < 0$ 时，表明监测点对比前一个 Δt_{i-1} 的累积位移量减小。

(3) 根据 λ 的绝对值的大小分析位移速率的变化：$|\lambda_i| > 1$，表明监测点在 Δt_i 期间的位移速率相比累积位移速率加快；$|\lambda_i| = 1$，表明监测点在 Δt_i 期间的位移速率相比累积位移速率没有变化；$|\lambda_i| < 1$，表明监测点在 Δt_i 期间的位移速率相比累积位移速率是减小的。如果 λ 的值越来越大，意味着监测点的位移速率越来越快。

5.2.2 三维位移特征矢量

描述监测点的变形特征，不但需要给出位移量和速率的大小，而且需要描述监测点的位移方向，其中位移矢量角和位移方位角是用于描述监测点运动方向的两个重要指标，由位移矢量角和位移方位角的大小来判断监测点时空位移方向特征。

5.2.2.1 位移矢量角

位移矢量角是位移矢量与水平面的夹角[144]，描述了位移在垂直空间的方向性，计算任一监测点经过时间 Δt 的位移矢量角 β_t 的公式为：

$$\beta_{\mathrm{t}} = \arctan\frac{\mathrm{d}z_{\mathrm{t}}}{\sqrt{(\mathrm{d}x_{\mathrm{t}}^2 + \mathrm{d}y_{\mathrm{t}}^2)^2}} \tag{5-7}$$

式中 $\mathrm{d}z_{\mathrm{t}},\mathrm{d}y_{\mathrm{t}},\mathrm{d}x_{\mathrm{t}}$——在 Δt 期间监测点的三维位移量。

设有 n 个监测点，经过 m 个等时间间隔后，根据式(5-7)计算的各个监测点位移矢量角用如下矩阵来表示：

$$\boldsymbol{\beta}_i^t = \begin{bmatrix} \beta_1^{t_1} & \beta_1^{t_2} & \cdots & \beta_1^{t_m} \\ \beta_2^{t_1} & \beta_2^{t_2} & \cdots & \beta_2^{t_m} \\ \vdots & \vdots & \ddots & \vdots \\ \beta_n^{t_1} & \beta_n^{t_2} & \cdots & \beta_n^{t_m} \end{bmatrix} \tag{5-8}$$

图 5-2 所示为监测点在不同时间段垂直位移矢量角的时空变化特征，设变形体的坡度角为 θ，如果监测点在 Δt_1 时间段内的垂直位移矢量角 $\beta_1=\theta$，说明监测点沿着坡面滑移；又经过 Δt_2 时间段，监测点的垂直位移矢量角 $\beta_2<\beta_1$ 时，监测点表现出“膨胀”的特征；再经过 Δt_3 时间段，监测点的垂直位移矢量角 $\beta_3>\beta_2$ 时，监测点表现出“后错”的特征。

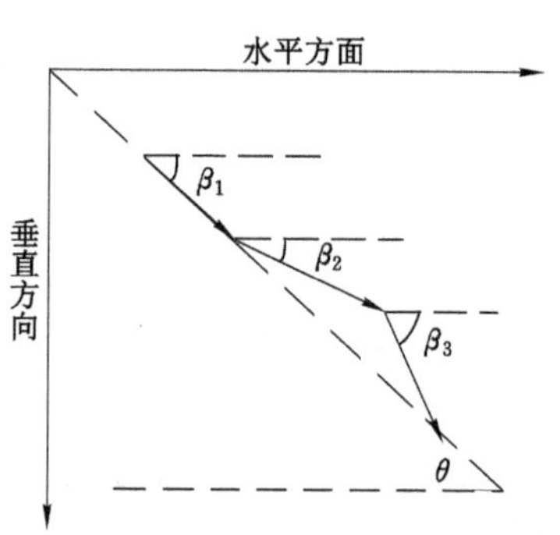

图 5-2　不同时间段内位移矢量角的变化特征

5.2.2.2　位移方位角

位移方位角用于描述监测点在水平面上的运动方向与纵坐标轴的夹角（通常为正北方向，在测量坐标系统中通常用 x 轴表示纵坐标轴），设监测点经过时间 Δt，其坐标由 (x_1, y_1) 变化为 (x_2, y_2)，则位移方位角 a_t 为：

$$a_t = \arctan\frac{y_2 - y_1}{x_2 - x_1} \tag{5-9}$$

同理，位移方位角用如下矩阵来表示：

$$\boldsymbol{a}_i^t = \begin{bmatrix} a_1^{t_1} & a_1^{t_2} & \cdots & a_1^{t_m} \\ a_2^{t_1} & a_2^{t_2} & \cdots & a_2^{t_m} \\ \vdots & \vdots & \ddots & \vdots \\ a_n^{t_1} & a_n^{t_2} & \cdots & a_n^{t_m} \end{bmatrix} \tag{5-10}$$

图 5-3 所示是以第一象限为例说明监测点的水平位移方位角变化特征，如果监测点在 Δt_1 时间段内的水平位移矢量角 $a_1=45°$，说明监测点在北方向和东方向的位移量相等；又经过 Δt_2 时间段，监测点的水平位移方位角 $a_2>a_1$ 时，说明监测点表现出向东方向偏转的特征；再经过 Δt_3 时间段，监测点的水平位移方位角 $a_3<a_2$ 时，说明监测点表现出向北方向偏转的特征。同理不难分析出另外三个象限的变化特征。

位移矢量角和位移方位角分别表示了监测点在三维空间中垂直方向上的滑移方向和二维平面空间上的滑移方向，位移矢量角和位移方位角共同决定

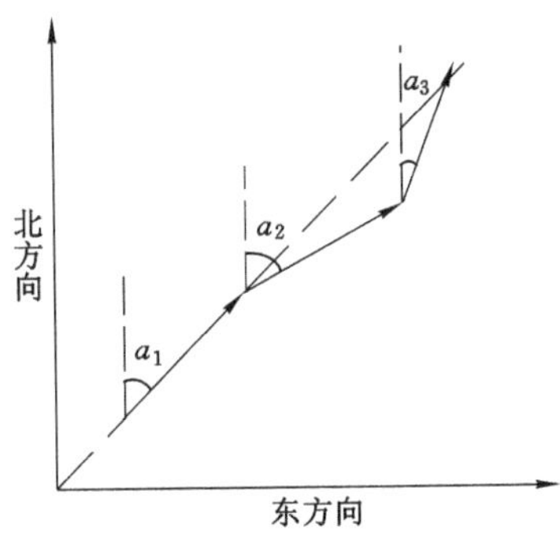

图 5-3　不同的时间段内位移方位角的变化特征

了监测点三维空间内的滑移方向。

5.3　基于GP的时空演化及局部稳定性分析

GNSS和GeoRobot可获得监测点的三维位移分量，为变形监测提供完整的三维地表位移数据，但是二者的空间分辨率往往不足。另外，仅分析单个监测点位移特征有其局限性，本节的主要内容是联合有限的监测点的累积位移量构建变形趋势面模型，从整体上分析变形区域的时空演化过程。

5.3.1　GPR变形趋势面模型

设在变形区域布设有 n 个监测点，将每个监测点的变形过程视为一个高斯过程，这样 n 个监测点的高斯过程在空间上推广看作是服从高斯分布的随机变量系，随机变量系域为 $u=(x,y,z,t)$。另外，每期的监测成果视为各点与空间位置密切相关的位移分量，用 $d_u=(\mathrm{d}x,\mathrm{d}y,\mathrm{d}z,t)$ 表示，在观测时刻 t 获得的 d_u 为随机变量。尽管 u 和 d_u 没有明确的函数关系，但为了弥补监测点的空缺和监测盲区，利用GPR时空插值方法在变形区域生成规则格网构建连续的趋势面模型描述其变形的时空演化过程，其中位移量与空间位置关系可用如下关系表示：

$$d_u = f(u) + \varepsilon \tag{5-11}$$

式中　ε——随机误差。

利用第4章的GPR时空插值方法构建连续的变形趋势面模型，从整体上来描述变形区域的变形趋势和演化过程，构建 t 时刻变形趋势面模型的步骤如下：

(1) 将变形区域进行网格划分，考虑到计算效率的问题，如果变形区域的面积较大，根据监测点的数量和分布情况进行分块；

(2) 选择其中的一个块，把块内所有监测点的坐标$[Px_i, Py_i]$ $(i=1,2,\cdots,n)$作为 GPR 的输入项，与坐标位置相关的某一位移分量 h_i（如累积垂直位移量）作为输出项组成训练样本集 $D=\{x_i=[Px_i, Py_i], h_i\}$，如果监测点在 t 时刻的位移分量缺失，则由 GPR 时空值方法估计出 t 时刻的位移量 h_i；

(3) 把由步骤(2)形成的样本对作为训练样本集，选择核函数模型，求解超参数；

(4) 将块内的格网点坐标作为 GPR 空间插值的输入项，输出网格点的位移量；

(5) 返回步骤(2)，用相同的方法选择下一块进行计算；

(6) 根据网格点坐标和变形值对整个变形区域进行二维或三维可视化表达。

图 5-4 所示是构建变形区域 t 时刻连续的变形趋势面计算流程图。

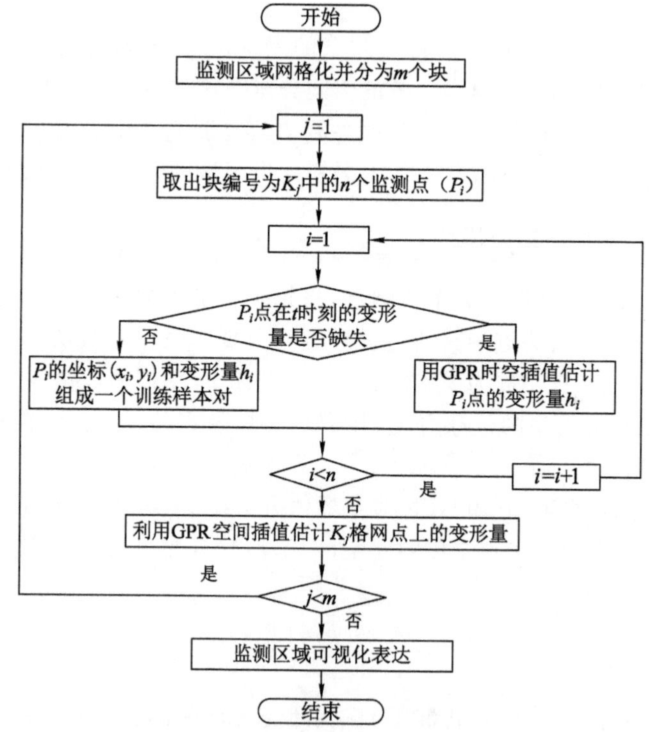

图 5-4　构建变形趋势面计算流程图

5.3.2　GPC 局部稳定性分析

由累积位移速率比直方图能直观地分析单个监测点的相对稳定状态，但是仅通过单个监测点的 λ 值的变化难以把握整个区域的变形状态，考虑到点与点之间的空间关联性，将 λ 扩展到空间域，从而在整体上分析变形体的相对稳定性。由于监测点所在的地形条件和空间位置等差别，即使在同一个时刻，各个监测点的变形位移也会存在差异性，如果这种差异性较为显著的话，则表明监测点的稳定性不同。

不难理解，稳定性差的区域，在此区域内的监测点表现出的 λ 就会大一些；反之，λ 大的监测点所在区域就是稳定性差的区域。λ 作为一个相对指标，可以用来衡量监测点变形的相对稳定性。本节主要面向所有监测点在 Δt 期间内计算得到 λ 值的大小，根据 λ 彼此表现出的差异性将监测点分为相对稳定点和相对不稳定点两类，然后应用 GPC 二元分类原理，将变形区域划分为相对稳定区域和相对不稳定区域。

我们需要明确的一个问题是如何根据 λ 值设置 GPC 二元分类的标志，即哪些点 λ 的值超过多大时，它们的分类标志设为 1 或 -1。可以通过设定 λ 的阈值来区分。当 λ 大于预设的阈值时，对应的分类标志为 1，认为是相对稳定的监测点；反之为 -1，认为是相对不稳定的监测点。

有两种方法可以设置 λ 的阈值，首先想到的是固定阈值法，认为 λ 的阈值固定不变，如果不能通过理论计算得出固定阈值，可以考虑地质条件、坡度角和外界环境等因素综合影响设定一个经验值。另一种方法是动态阈值法，认为不同时刻的阈值是变化的，设置的基本思想是根据 λ 呈现出的离群特征进行动态提取。

我们不妨先假设在 Δt 期间，变形区域没有发生变形，也就是说位于变形区域内的所有监测点是稳定的，此时计算得到的各个监测点的 λ 值彼此不会有显著的差异。假如在 Δt 期间有局部区域出现塌陷或裂缝，导致在局部范围内的监测点不稳定，那么这些点的 λ 值与其他点相比可能会产生离群现象，只需要将这些离群的 λ 提取出来即可。

如何提取离群的 λ 尤为关键，我们把变形区域内所有监测点的 λ 视作“观测值”，λ 的离群值就是异常值，直接应用第 3 章提出的异常数据完整搜索算法(由 FSE 形成定位矢量)将离群的 λ 分离出来，然后将离群的 λ 对应的监测点的分类标志统一设置为 1，其余点的 λ 对应的分类标志统一设置为 -1，这样就完成了变形区域内所有监测点 GPC 二元分类标志设置，然后应用 GPC

分类器对整个变形区域进行局部稳定性分析。

基于 GPC 变形区域一个时段(Δt)内的局部稳定性区域识别和划分的步骤如下：

(1) 将变形区域进行网格划分，考虑到计算效率的问题，如果变形区域内面积较大，根据监测点的数量和分布进行分块；

(2) 选择其中一个块域，用式(5-5)计算块内 n 个监测点的 $\lambda_i(i=1,2,\cdots,n)$；

(3) 根据块内 n 个监测点的 λ_i 值，应用 FSE 方法将块内 λ_i 的离群值提取出来并赋予相应的分类标志 $y_i=1$，其余点的分类标志 $y_i=-1$；

(4) 以所选块域内的监测点的平面坐标 $[Px_i, Py_i]$ $(i=1,2,\cdots,n)$ 作为 GPC 训练样本的输入项，$x_i=[Px_i, Py_i]$ 和分类标志 y_i 组成 GPC 训练样本集 $D=\{x_i=[Px_i, Py_i], y_i\}$；

(5) 由步骤(4)形成的训练样本集，选择核函数模型，求解最优超参数；

(6) 计算出块内每个网格点坐标 $[Gx_j, Gy_j]$ $(j=1,2,\cdots,k)$，j 代表网格点的编号，将网格点坐标 $[Gx_j, Gy_j]$ 输入到 GPC 中，输出网格点坐标位置的 λ 的估计概率 $G\lambda_j$；

(7) 返回步骤(2)，用相同的方法对下一块域进行计算；

(8) 将变形区内 $G\lambda=0.5$ 格网点连线作为边界线，根据 $[Gx, Gy, G\lambda]$ 进行可视化表达。

应用上述方法主要是从整体上分析局部区域发生的较大的变形。所谓较大的变形是相对的，如果是变形区域整体上均匀沉降，此时不存在局部区域发生了较大的变形，这种情况下得到的 λ_i 不会产生离群现象，也就是说，只有部分 λ_i 发生了离群现象时，应用 GPC 局部稳定性分析方法才有实用意义。事实上，变形区域更多的时候呈现为变形不均匀或不平衡，这才有局部崩滑、塌陷或裂缝的发生。图 5-5 所示是二号井边坡在监测前发生的局部崩塌和裂缝，图 5-6 所示是 GPC 变形区域局部稳定性分析的计算流程。

图 5-5　变形体局部区域发生的崩塌和裂缝

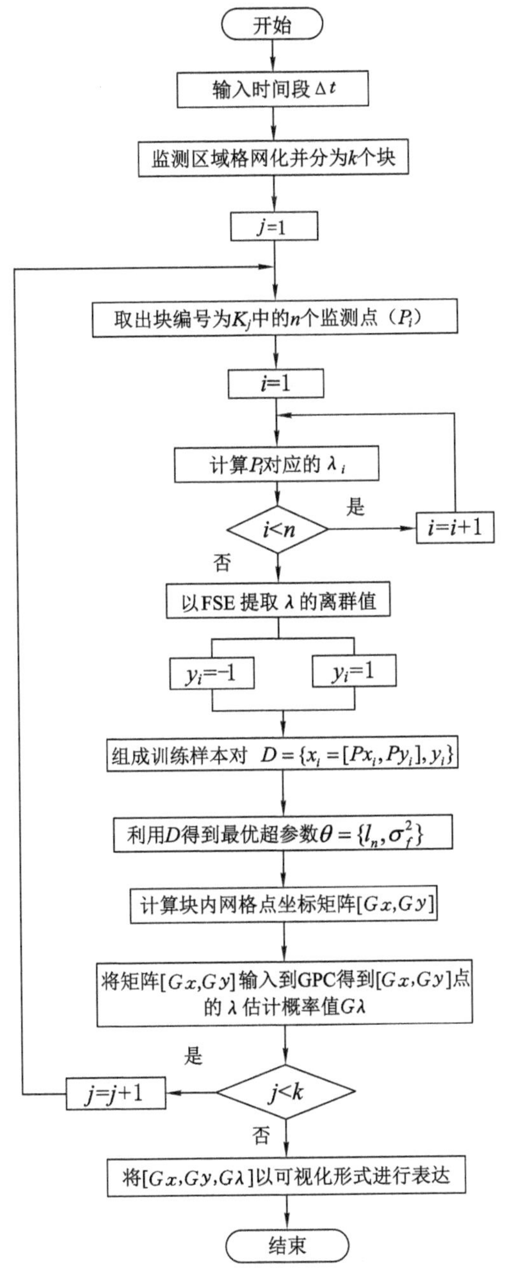

图 5-6　GPC 变形区域局部稳定性分析的计算流程

5.4 本章小结

本章首先针对自动化观测系统获取的高精度三维位移矢量，就描述变形区域内监测点位移特征的常用绝对指标的作用、意义进行了论述，其内容主要包括三个标量（累积位移量、累积位移速率和累积位移速率角）和两个矢量（位移矢量角和位移方位角）。仅用绝对指标凸显不出监测点的相对稳定状态，重点提出累积位移速率比作为一种相对指标用于衡量、评价监测点在短期内的相对稳定性，通过累积位移速率比从三个方面分析监测点短期内的变形状态。

单独分析监测点的变形特征难以从整体上掌握变形区域的变形趋势和局部稳定性，部分联合所有监测点提供的时空数据集对变形区域的时空变化特征进行整体分析，主要包括：以所有监测点的累积位移量作为分析对象，利用 GPR 时空插值方法构建变形区域连续的变形趋势面模型，从整体上对变形区域进行时空演化分析；以所有监测点的累积位移速率比作为分析对象，利用 GPC 二元分类方法结合 FSE 算法识别不稳定监测点，从整体上对变形区域进行局部稳定性分析。

第 6 章　GPR 在线变形智能预测模型

6.1　概述

人们认识事物一般来说先认识事物的现象或变化特征，根据现象挖掘事物的本质，即从变化中掌握事物的规律，进而由事物的规律预测其未来。变形监测就是借助传感器对变形体进行观测，通过观测数据认识其变化特征，从大量复杂的观测数据中找出变形体的变形规律，由此来预测变形和控制变形。

无论变形体的致灾机理多么复杂，在孕灾过程中会导致地面发生变形位移。为此，科研人员在变形区域布置一些传感器来捕获变形，经过严密地分析和处理监测数据，从中发现变形趋势和灾变演化规律，从而进行预测和预报，这是另一种常用的预测预报方法。

变形体的变形机理受多种因素的影响呈现出复杂的现象，由于不同的结构特征、地质构造及外界因素的影响会表现出不同的变化规律，各种因素彼此交叉叠加相互作用，有时很难用一种确定的数学模型来描述其变形过程。自动化监测系统随着监测时间的推移，监测点将获得大量的时空序列数据，就每个独立的监测点而言，认为当前的变形状态是其历史发展的结果，其未来的变形是现实的延续，时空序列分析法就是依据客观事物的这种连续规律性，应用历史数据，经过统计分析，预测其未来的发展趋势。

本章主要利用 GPR 非线性、超参数自适应求解、输出结果具有概率意义的优点对变形监测时空序列数据进行分析，构建基于 GPR 的变形智能预测模型，对监测点在短期内的变形趋势进行预测。

6.2　GPR 用于变形预测的基本问题

GPR 用于变形预测，不是简单地照搬和套用，首先就 GPR 用于变形预测时核函数选择、超参数动态更新和训练样本集的选择问题进行研究，在此基础上构建了两种基于 GPR 的监测点变形智能预测模型。

6.2.1 核函数选择

GPR 的核函数对预测性能有很大影响，即使是相同的数据，使用不同的核函数其预测结果也不完全相同。具体选择哪种核函数，需要分析观测数据自身的特点来做出选择。二号井边坡的监测数据的初步分析结果为长期的下沉趋势并伴随着波动特征，时间与变形之间是一种复杂的非线性关系，针对这种情况，可选择以下两种核函数。

6.2.1.1 单一核函数

选择四种常用的基本核函数，分别为平方指数核函数(SE)、马恩特核函数(Matern32)、周期性核函数(PER)和线性核函数(LIN)。应用四种核函数分别拟合沉降监测点 120 天(数据来自文献[90])的时间-位移曲线，结果如图 6-1～图 6-4 所示。

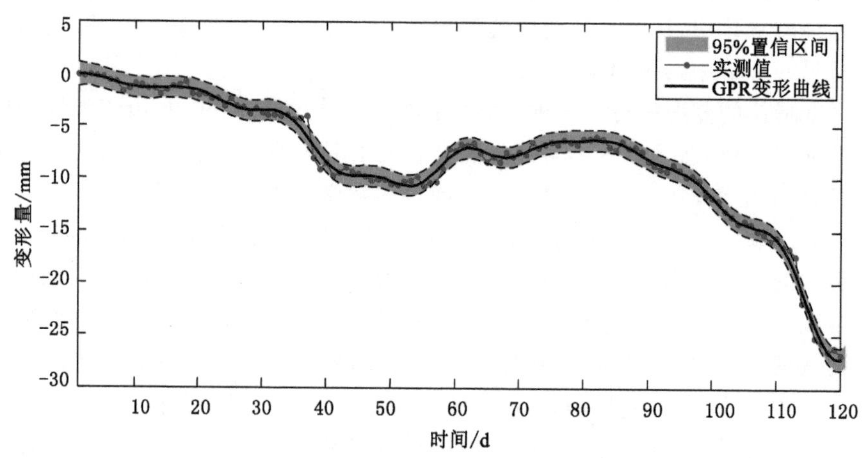

图 6-1　SE 核函数输出的变形曲线

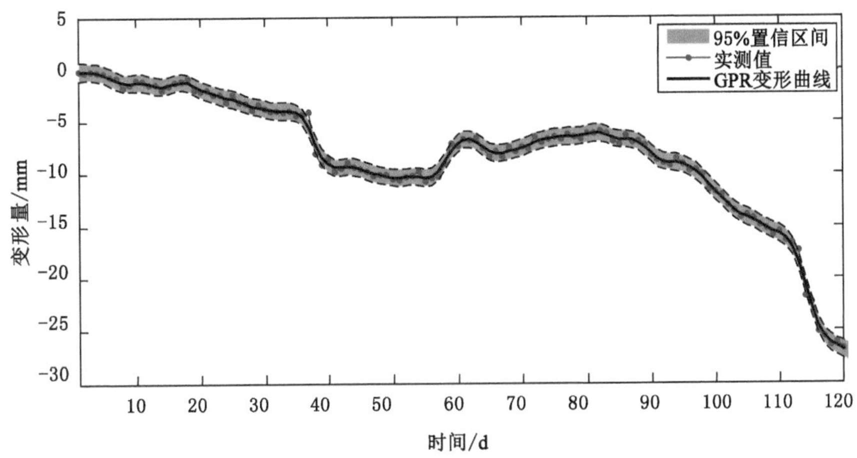

图 6-2　Matern32 核函数输出的变形曲线

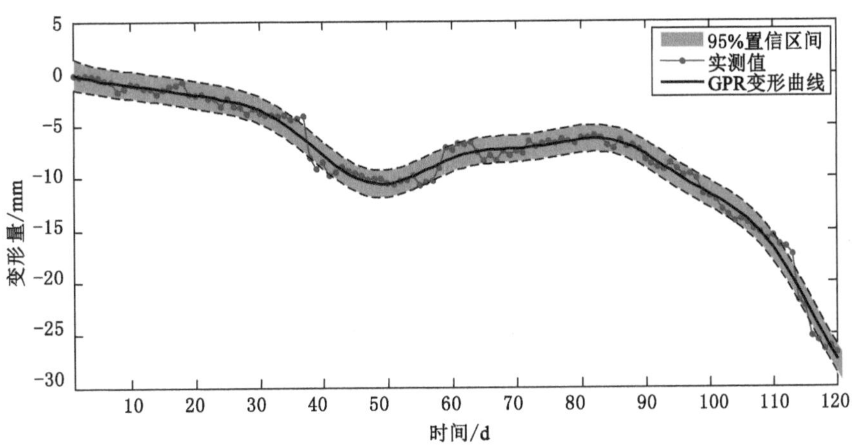

图 6-3　PER 核函数输出的变形曲线

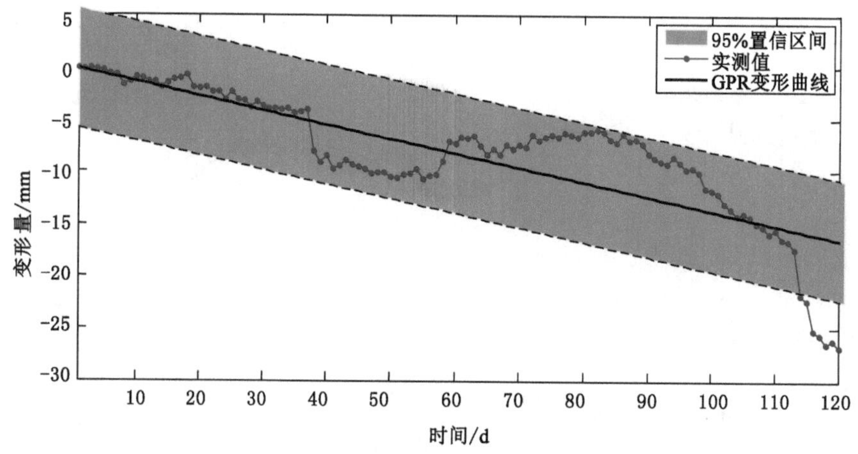

图 6-4　LIN 核函数输出的变形曲线

学习样本输入量为连续 120 天的时间序列，输出结果为对应的累积垂直位移量。再以连续 120 天作为待预测值，由预测值与实测值计算中误差和平均相对误差评价核函数的适用性。另外用 GPR 所有点的输出的验后方差绘制拟合曲线的置信区间，以此来直观地判别核函数的适用性，同时计算了每种模型的计算耗时。表 6-1 所列为四种核函数的计算结果，从计算的图表结果来分析，LIN 与数据特点不吻合，置信区间宽。虽然 LIN 指出了长期的平均下降趋势，可以考虑进行长期预测，但预测误差大，可信程度低。PER 的置信区间的宽度明显大于 SE 和 Matern32，SE 和 Matern32 核函数对时间序列数据的匹配均取得了满意的结果，相对而言，Matern32 核函数最为理想。

表 6-1　四种单一核函数误差统计结果

评价指标	核函数模型			
	SE	Matern32	PER	LIN
中误差/mm	0.50	0.34	0.74	3.4
平均相对误差	9.0%	5.7%	13%	37%
耗时/s	0.62	0.52	2.13	0.21

6.2.1.2　组合核函数

由于 GP 的基础理论决定了 GPR 用于预测只能选择一种核函数，一种核函数难以满足变形曲线多样化的变形特点，GP 可以将不同的核函数进行组合，可以利用组合式核函数模型来适应变形过程的多样化特点。

单一核函数实验结果表明，Matern32 核函数的拟合效果最为理想。因此，实验选择 Matern32 核函数与其他三种核函数分别执行加运算组合，由此来构造新的核函数以增强预测性能，组合式核函数的实验误差统计结果见表 6-2。从表中可以看出，除了 Matern32＋PER 组合方式与单一核函数 PER 基本接近外，其他组合方式均比单一核函数的拟合效果理想，但组合核函数的计算耗时较单一核函数要长，组合越多耗时也越长。从实验结果来看，前两种组合方式较理想。

表 6-2　组合式核函数的实验误差统计结果

评价指标	核函数组合方式		
	Matern32＋ SE	Matern32＋PER	Matern32＋LIN
中误差/mm	0.3	0.75	2.3
平均相对误差	5.0%	13.6%	15.6%
耗时/秒	1.9	3.5	1.5

因 Matern32 核函数对数据的长期变形趋势拟合效果好，而 SE 核函数通过设置较小的特征长度参数来适应观测数据的“波动”特征，最终选择 Matern32＋SE 作为后续监测点变形预测的核函数模型，图 6-5 所示是 Matern32＋SE 输出的变形曲线。

具体选择哪种核函数，需要分析观测数据自身的特点来做出选择，如果观测数据呈现出明显的线性特点，线性核函数无疑是理想的选择；如果观测数据表现出很强的周期性特点，显然要选用周期性核函数。

6.2.2　超参数动态更新模式

GPR 用于长时空序列变形数据分析时，理论上选定核函数后，经初始学习获取最优超参数，在后续的预测环节只需要用待预测值更新协方差矩阵即可，这在开始一段时间内是可行的。然而随着监测时间的继续推移，待预测值

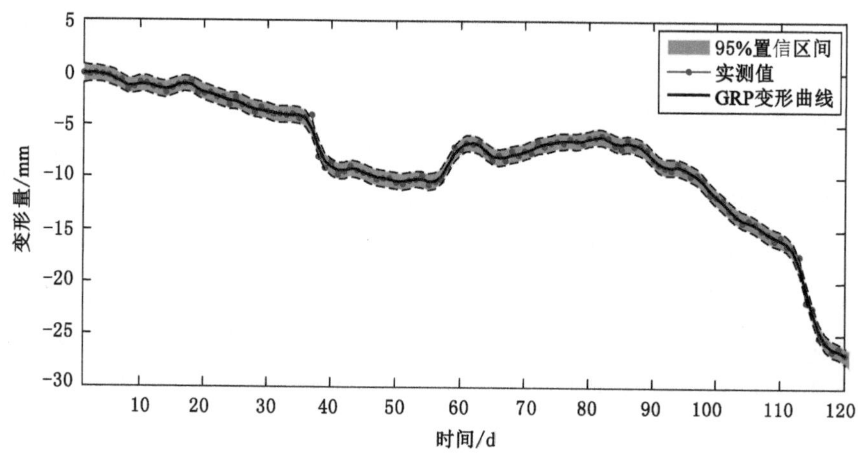

图 6-5 Matern32+SE 输出的变形曲线

与超参数变得越来越不相适应,同时 GPR 的泛化性能也会降低,如果继续使用原有的超参数进行预测,预测误差会逐渐增大,在适当的时候需要借助训练样本集重新更新超参数。

考虑到变形量在时间域上的相关性,用后续的监测数据加入初始训练样本集中自动更新训练样本集,同时更新协方差超参数,由此来预测下一个时刻的变形量。每次更新时,由更新前已存在的超参数作为本次更新的初值,这样做的目的是为减少迭代次数,加快求解速度,提高效率。但这样会存在一个问题,训练样本集会越来越大,不利于超参数的快速求解,应该维持一个数量稳定的能够自动更新的训练样本集,更新方法叙述如下。

设定 d 个样本对为训练样本集 $D=\{(x_i,y_i)\}(i=1,2,\cdots,d)$,待预测值 x_{d+1} 作为输入量,y_{d+1} 为输出量,当实测完 y_{d+1} 后,将 (x_{d+1},y_{d+1}) 作为新的样本对加入原来的训练集中,截去距离新加入的观测值最远的历史观测值 (x_1,y_1),以保持样本个数的恒定,进一步预测下一个观测时刻的变形量,以此类推。我们将这种样本更新模式称为递进-截尾式动态更新模式,图 6-6 所示是递进-截尾式更新模式示意图。

6.2.3 最佳训练样本集选择

应用 GPR 进行变形预测时,如何确定训练集的数量 d 也是一个关键因

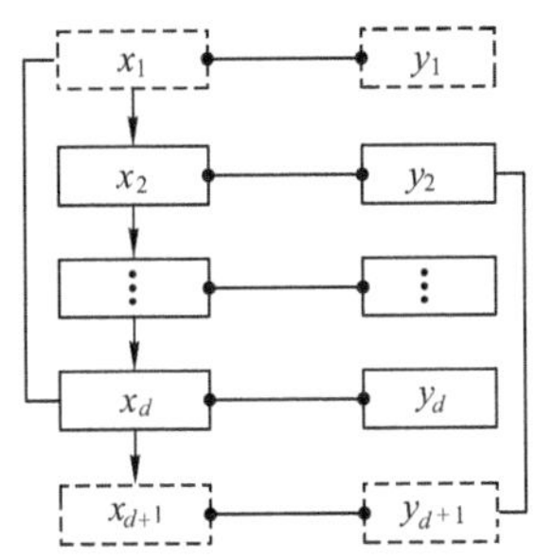

图 6-6　递进-截尾式更新模式示意图

素，尽管 GPR 对样本数量的要求并不苛刻，但是样本数量少达不到学习的效果，预测精度低，但也不是说样本数量多预测精度就高，数量太多会影响后续超参数的求解效率和预测效能，需要综合考虑确定样本数量。

确定 d 的思想是给定 d 的初值，选定 d 个观测数据组成训练样本集，同时设定 k 个已测的数据作为检验样本集对其自身进行预测。样本数目是否最佳的评判依据可以从两方面考虑：一是定性分析法，即通过预测结果是否落入置信区间以及置信区间的宽度总体上能定性地评判预测结果的好坏；二是定量分析法，定量的评判方法需要计算有关评价指标，具体计算方法如下。

选择 d 个连续的时序观测数据作为训练样本集，构建协方差函数并求解最优超参数。将 k 个实测值和 d 个样本值作为待预测输入值输入到 GPR 预测模型中，得到 k 个实测值对应的预测值和 d 个训练样本对应的预测值。由 k 个预测值和实测值求取残差，用式(6-1)计算出预测中误差 σ_k 用于衡量预测精度；由 d 个样本值和预测值求取残差，用式(6-2)计算出训练中误差 σ_d 用于评价训练效果。

逐渐增加 d 的个数并计算每次 d 改变后的 σ_k 和 σ_d，当中误差趋于稳定时，此时 d 不再增加，作为最终的学习样本数量值。

$$\sigma_k = \sqrt{\frac{1}{k}\sum_{t=d+1}^{k+d} v_t^2} \tag{6-1}$$

$$\sigma_d = \sqrt{\frac{1}{d}\sum_{t=1}^{d} v_t^2} \tag{6-2}$$

式中　$v_t = y_t - y_t^*$ ——对应的残差。

6.3 自适应 GPR 在线特征核函数生成算法

6.3.1 GPR 样本和超参数同步在线更新

GPR 推理预测结果的期望和方差是协方差矩阵大量运算的结果，每次计算量为 $O(n^3)$（n 为样本个数），冗余样本会制约 GPR 在线计算效率。为此，本章通过训练样本集优化，同步在线更新样本和超参数来提升 GPR 在线推理能力，具体算法如下：

(1) 训练样本集优化：选定 k 个样本组成初始训练样本，$d=k/3$ 个实测样本作为测试集。将 k 个训练样本和 d 个测试样本作为新的待预测值输入 GPR 预测模型中，得到训练集和测试集对应的预测值，分别计算训练集和测试集的中误差，如果二者的差值接近，则认为训练样本集的容量为 k 是合理的，否则增加 k。

(2) 同步在线更新样本：考虑到时空相关性，用后继的观测数据加入初始训练样本集并截去距离最远的历史观测值，以保持训练样本个数的恒定。用更新后的训练样本重新求解超参数，同时更新协方差矩阵，由此来预测下一个时刻的输出值。

(3) 超参数迭代快速收敛：GPR 计算协方差矩阵时，先要给定超参数的初始值，然后经过迭代优化来估计其最优解，初始值越接近最优解，迭代次数会越少，故在更新超参数时，用本次的最优解作为下次更新的初始值，使超参数快速收敛。

6.3.2 GPR 自适应特征核函数

GPR 用于回归分析能够间接精确地描述回归函数，其核函数起着决定性的作用，具体选择哪种核函数，需要分析观测数据自身的特征来做出选择。研究自适应 GPR 特征核函数自主生成算法是 GPR 实现非线性动态分析和预测的关键所在。

算法的基本思想是应用假设检验和傅里叶变化技术手段分析时空序列的非线性特征，根据核函数的性质自适应生成特征核函数，然后利用核函数运算法则将多个特征核函数耦合在一起自主生成一个与多种变形特征相匹配的“自适应特征核函数”，算法步骤如下：

(1) 特征分析提取：① 分别利用典型的线性核函数和非线性核函数对已

有的初始序列进行拟合，得到残差序列，计算残差序列的统计特性，用假设检验来确定是线性趋势还是非线性趋势；② 利用傅里叶时频分析法分析残差序列提取周期性特征。

(2) 自适应生成特征核函数：如果是线性趋势，自适应生成线性核函数；如果是非线性趋势，构建 SE 或其他非线性核函数；如果含有周期性特征，构建周期性核函数。

(3) 特征核函数组合：采用核函数相加、相乘、卷积或混合方式进行运算，保证组合式核函数满足对称性和非负正定性的要求。

将上述算法进行整合，形成如图 6-7 所示的在线自适应 GPR 特征核函数自主生成算法的技术路线。

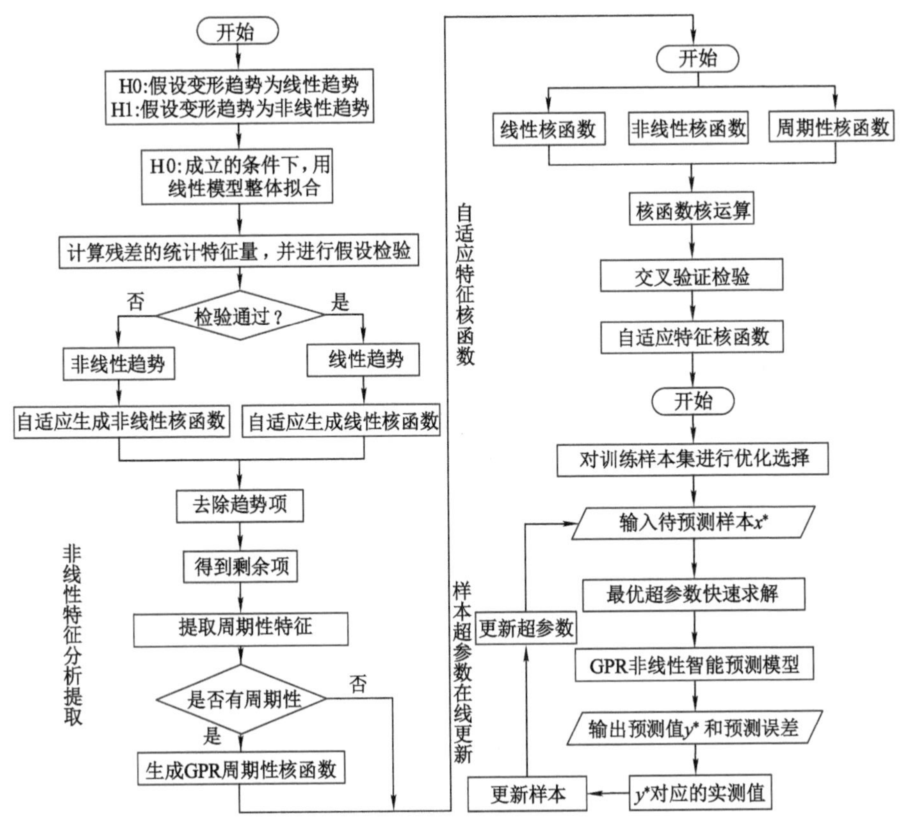

图 6-7　自适应 GPR 在线特征核函数自主生成算法技术路线

6.3.3 模拟试验分析

为了验证GPR特征核函数的预测能力，应用二次函数和周期性函数叠加模拟观测点30天的沉降值的时间序列，并在模拟值增加随机噪声。模拟结果的变形趋势如图6-8所示，总体上呈现出长期的下沉趋势，并伴随着周期性波动性扰动。

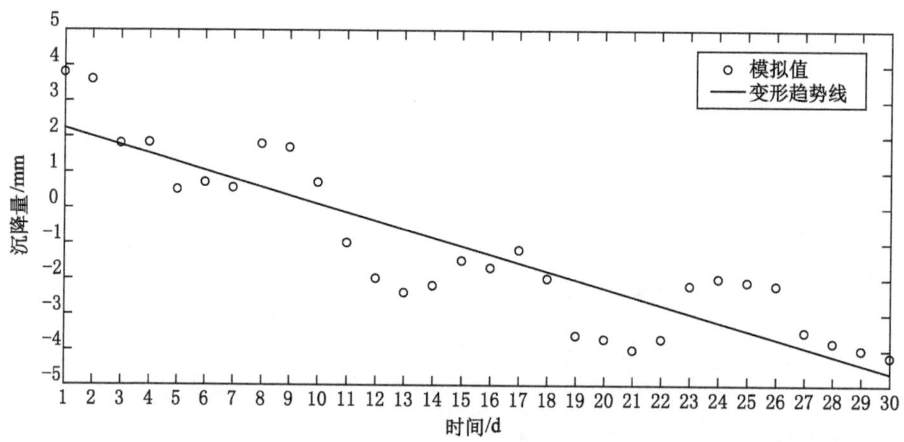

图6-8 模拟数据

(1) 变形特征分析

假设时间序列呈现线性特征，即沉降值与时间线性相关，设回归决定系数$R^2=0.85$作为显著线性回归的阈值，本次模拟结果计算得决定系数R^2为0.71，具有一定的线性特征，但认为线性特征不够显著，进一步分析其周期性特征。首先将时间序列去除趋势性变化后得到如图6-9所示的数据序列，经傅里叶变换后，计算其频率并绘制图6-10所示的功率频谱图，功率最大值对应的频率为0.13，则该时间序列的周期为6.25天。

(2) GPR核组合分析

上述分析结果表明，该时间序列总体上呈现非线性特征并伴随周期性波动特征，故应用GPR中的平方指数核函数(SE)和正弦指数核函数(PER)进行核运算并进行回归拟合，组合核函数为：

$$k_{\mathrm{SE}}(x,x') = \underbrace{\theta_{\mathrm{f}}^2 \exp\left(-\frac{r^2}{2l^2}\right)}_{\mathrm{SE}} + \underbrace{\theta_{\mathrm{f}}^2 \exp\left(-\frac{2}{l^2}\sin^2\left(\frac{\pi r}{p}\right)\right)}_{\mathrm{PRE}} \tag{6-3}$$

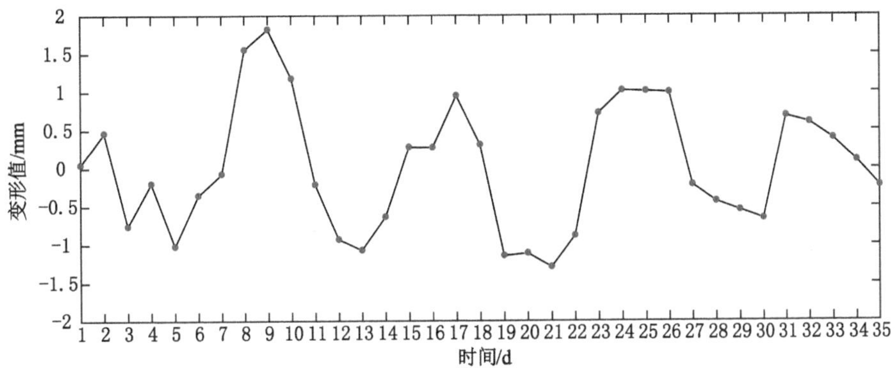

图 6-9　去除趋势性特征后的数据序列

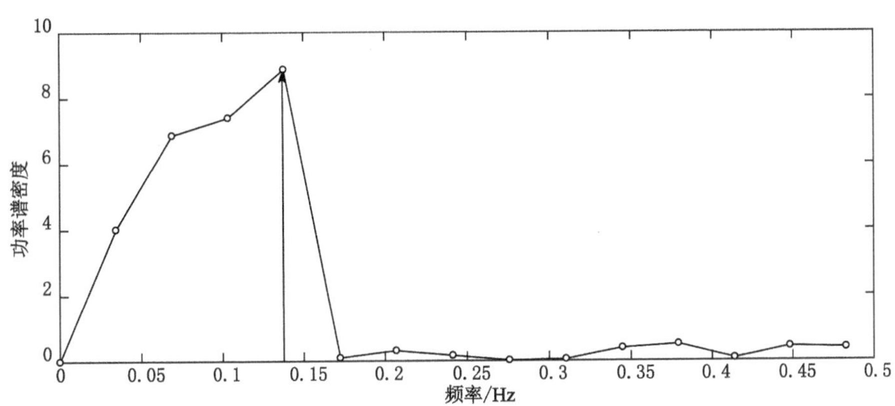

图 6-10　功率频谱图

分别应用 SE+PRE 核组合和 SE 单一核函数进行回归拟合，并预测第 31 天到 35 天的变形量。图 6-11 所示是核组合的拟合结果，从图中的预测区间可以看出核组合表现出超强的预测能力，其周期性特征变化明显。图 6-12 所示为单一核 SE 的拟合结果，预测结果不及组合核，仅能显现出长期的下沉趋势，周期性的波动特征难以刻画。

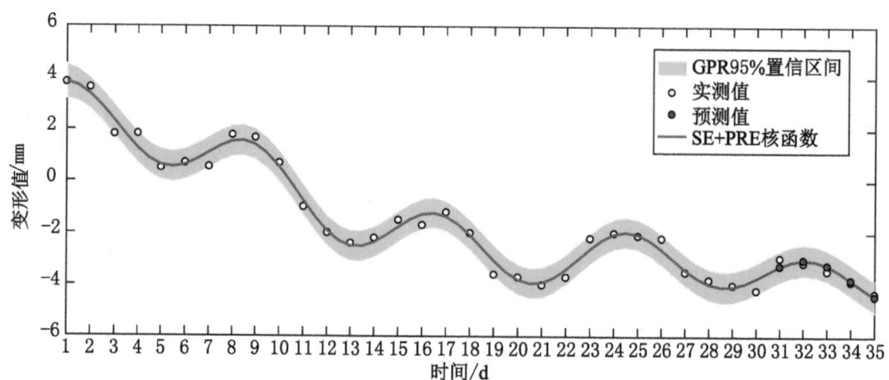

图 6-11　核组合回归曲线

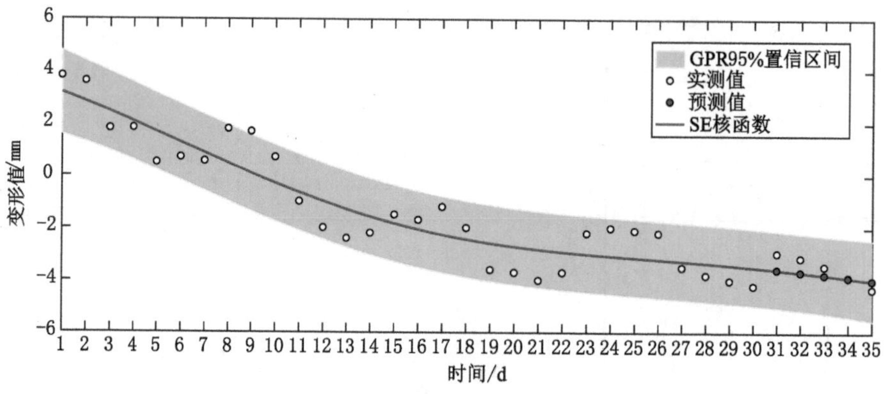

图 6-12　单一核回归曲线

6.4　GPR 变形智能预测模型

自动化监测系统可以获取监测点坐标的水平位移量和垂直位移量，各个监测点的观测数据是一个动态的时空序列，本节将 GPR 应用到单个监测点非线性时间序列分析中，分别以时间和数据作为 GPR 的输入，研究 GPR 在线时间驱动智能预测模型(GPR online time-driven intelligent prediction model,GPR-TIPM)和 GPR 在线数据驱动智能预测模型(GPR online data-driven intelligent prediction model,GPR-DIPM)。

6.4.1　GPR 在线时间驱动智能预测模型

"递进-截尾式"动态更新模式是针对单个监测点,以一般变量 x_i 作为输入量,预测出对应的变形量。如果以观测时间 t_i 作为 GPR 的输入量,时间作为驱动因子一步步预测监测点未来的变形量,将其命名为 GPR 监测点时间驱动智能预测模型(GPR-TIPM),图 6-13 所示是 GPR-TIPM 的预测流程图。

由图 6-13 可以看出,GPR-TIPM 包含两个过程,首先按照样本训练集选择方法确定训练样本数量 d 并固定样本数量,然后选择某一时刻作为预测的开始时间进行动态预测。假如从当前时间第 10 天开始预测未来 5 天(11～15)的变形量,则 5 天的时间作为预测周期长度,当 1 个观测周期(如第 11 天,1 天是 1 个观测周期)实测完成并加以更新后,再预测下一个预测周期(12～16)内的变形,以此类推。在预测过程中应用递进-截尾式更新模式来维持样本数量的恒定,同时对超参数自动调整,图 6-14 所示是应用该模型的预测过程。

6.4.2　GPR 在线数据驱动智能预测模型

无论是按时间序列排列的观测数据还是按空间位置顺序排列的观测数据,数据之间都或多或少地存在统计自相关现象。经典的回归模型描述随机变量与其他变量之间的相关关系。但是,对于一组随机观测数据 $y_1, y_2, \cdots, y_t$ 组成为一个时间序列 $\{y_t\}$,并不能描述其内部的相关关系[8],自动化监测系统得到的时间序列数据是随机过程,这时可以利用随机过程观测数据之间的相关关系来揭示其变形规律,本小节就是考虑了数据之间的自相关性,提出 GPR 在线数据驱动智能预测模型(GPR online data-driven intelligent prediction model,GPR-DIPM)。

假设监测点 t 时刻的变形量 y 与其历史观测中连续的前 p 个变形量相关,具体如何相关事先我们无从得知,用函数 $f(x)$ 来表示,即

$$y = f(\boldsymbol{x}) + \varepsilon \tag{6-4}$$

式中　$\boldsymbol{x} = [y_{t-p}, y_{t-p+1}, \cdots, y_{t-1}]$;

ε——随机误差。

式(6-4)中的输入量不是时间,而是过去的 p 个变形量,以过去的前 p 个变形量作为 GPR 的输入项,预测下一个时刻的变形,将其命名为在线数据驱

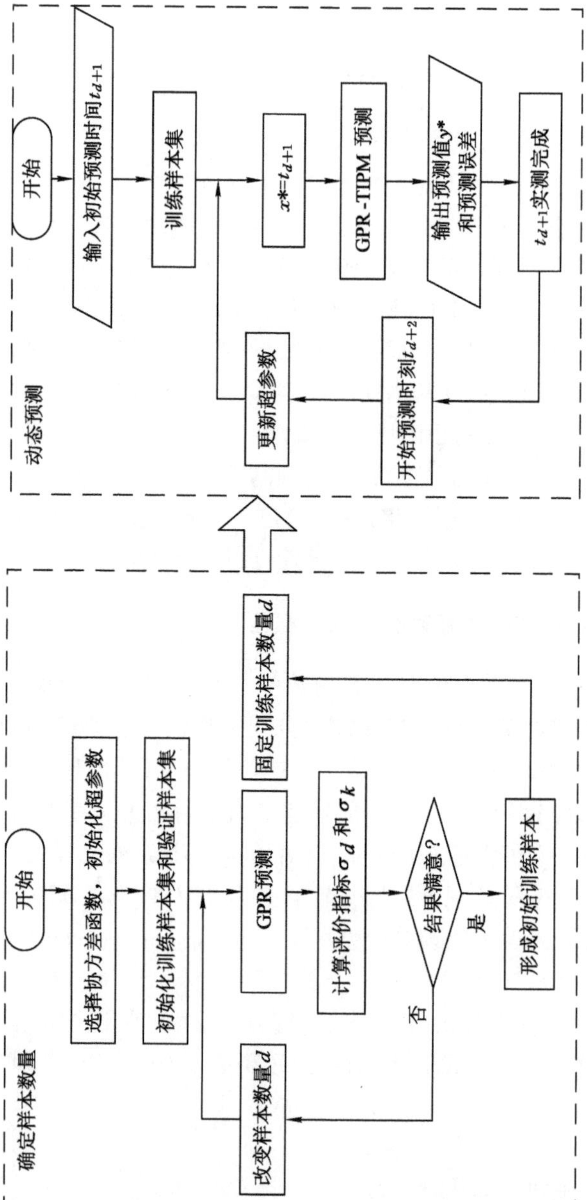

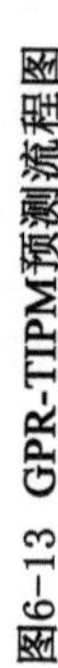

图6-13 GPR-TIPM预测流程图

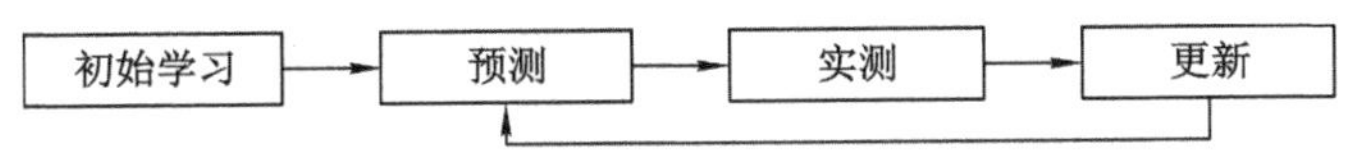

图 6-14　GPR-TIPM 预测过程

动智能预测模型(GPR-DIPM)。

假设 t 时刻的变形量与其历史观测中连续的前 p 个变形量相关,选取历史观测数据中连续前 p 个变形量作为输入量,t 时刻的变形量 y_t 作为输出量组成一个样本对,设这样的样本对需要 d 个,即 $x_i=(y_{i,t-p},y_{i,t-p+1},\cdots,y_{i,t-1})$,训练样本集 $D=\{x_i=(y_{i,t-p},y_{i,t-p+1},\cdots,y_{i,t-1})\mid i=1,2,\cdots,d\}$。同 GPR-TIPM 预测模型相同,当一个新的观测值加入训练集后,截去距离新加入的观测值最远的历史观测值,保持样本数量的恒定。当完成 $y_{d+1,t+d+1}$ 的实测值后,样本对$(x_{d+1},y_{d+1,t+d+1})$将加入训练集中,原样本对$(x_1,y_{1,t})$被截去。图 6-15 所示是 GPR-DIPM 的训练样本集更新示意图。

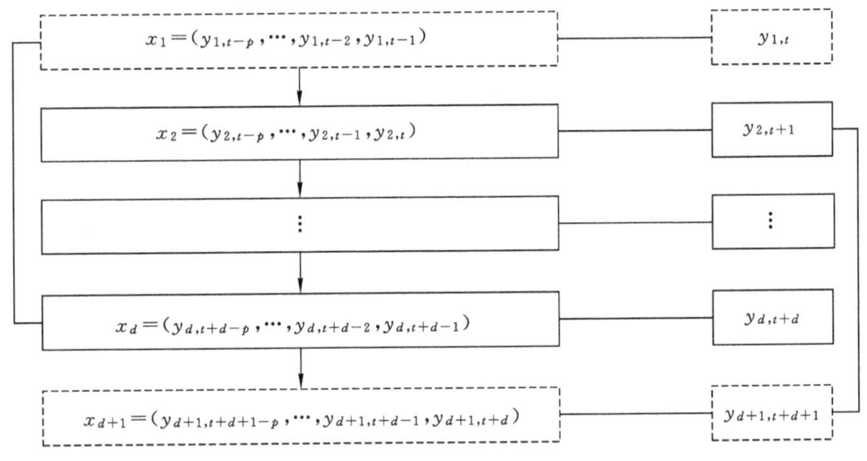

图 6-15　GPR-DIPM 训练样本更新示意图

GPR-DIPM 预测模型与 GPR-TIPM 预测模型的本质区别是训练样本集的输入量不是时间,而是多个连续的历史观测值,模型中的“连续”不仅要求输入量中的 p 个历史观测值连续,同时也要在保持相邻样本对之间的时间连续,即时间纵向连续。例如,设 p 取 3,第 1 个样本对的观测时间为 $t=8$,则

$D_1=(y_{1,5},y_{1,6},y_{1,7}\mid y_{1,8})$，第 2 个样本对 $t=9$，$D_2=(y_{2,6},y_{2,7},y_{2,8}\mid y_{2,9})$，以此类推，模型中尽管没有明确时间变量，但隐含着时间顺序，如果样本序列中某个时间点的数据缺失，则利用第 4 章中 GPR 在时间域上的插值方法进行估计推断。

GPR-DIPM 预测模型中，除了要确定训练样本数量 d 外，新增加了参数 p，因 d 和 p 不具有相关性，通常是先给 p 一个固定值后再确定 d 的值。固定训练样本数量后，利用 GPR 输出检验样本的预测值，然后再调整 p 的值。确定参数 p 的方法与确定样本数量的方法类似，以检验样本的预测中误差最小为目标确定最佳 p 值，实际计算时可采取优化算法进行搜索。

由 GPR-DIPM 的预测过程可知，理论上 GPR-DIPM 仅能预测到未来第 1 天的变形，而 GPR-TIPM 理论上可以预测到更远。如果将未来第 1 天的预测值当作“实测值”组成新的样本对加入，则可预测未来第 2 天的变形，图 6-16 所示是以 p 为 2 为例预测到未来 3 天的示意图。需要说明的是，预测未来第 2 天时，仍然有当天实测值作为输入量，而预测未来第 3 天时，输入量均为预测值，未来第 3 天的预测输出取决于第 1 天和第 2 天的预测的准确性。因此，未来第 3 天的预测输出的结果的可靠性难以保证，如果参数 p 增加，最多只能预测未来第 1 天的变形，从这一点来说，GPR-DIPM 不及 GPR-TIPM 优越。

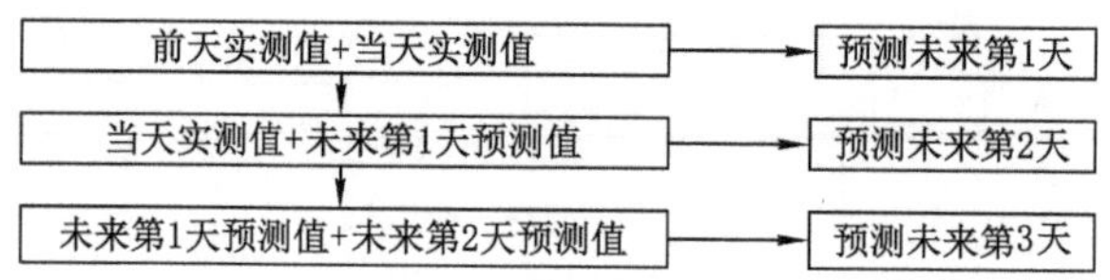

图 6-16　GPR-DIPM 预测未来 3 天的示意图

6.4.3　GPR-TIPM 与经典动态预测模型的比较

本小节主要选择在变形时间序列分析中具有代表性的自回归模型 AR(p)和灰色 GM(1,1)模型与本书提出的 GPR-TIPM 动态预测模型进行实验对比，有关 AR(p)模型[13,54]和 GM(1,1)模型[52,158]在相应的参考文献中均有详细论述，本书不再赘述。

实验数据是一座大坝安全监测数据，AR(p)和 GM(1,1)的预测实验结果直接取自文献[8]，表 6-3 所列为大坝 1 号点沉降观测数据。

表 6-3　1 号点沉降观测数据沉降量

时间/d	沉降量/mm	时间/d	沉降量/mm	时间/d	沉降量/mm	时间/d	沉降量/mm
1	0.0	13	16.3	25	29.2	37	52.5
2	0.7	14	17.2	26	30.9	38	54.3
3	2.2	15	17.7	27	33.5	39	55.9
4	3.8	16	19.9	28	35.7	40	56.7
5	5.4	17	20.2	29	38.0	41	58.0
6	7.2	18	21.2	30	38.2	42	59.3
7	9.9	19	21.4	31	38.7	43	60.0
8	11.0	20	21.6	32	41.2	44	61.5
9	12.2	21	23.5	33	47.8	45	62.6
10	12.7	22	25.0	34	47.5	46	63.0
11	12.8	23	24.6	35	52.2	47	64.1
12	13.9	24	25.3	36	52.8	48	65.3

需要说明的是在应用 AR(p)建模之前，分析监测点数据具有趋势性特征，文献[8]采用了一阶多项式消除了趋势项，经过对剩余项进行正态检验和平稳性检验满足要求，然后对剩余项进行数据预处理后建立 AR(p)模型进行预测。GM(1,1)和 AR(p)选用(1～30)期数据建立各自的模型，利用(31～48)期的数据进行预测检验。另外，应用 GPR-TIPM 模型时，初始样本选择为 1～10 期的观测数据，预测未来 3 天的沉降量，预测结果截取 31～48 期的数据与 AR(p)和 GM(1,1)进行对比，三种方法的计算结果见表 6-4，表中 RE 表示相对误差，GPR-i(i=1,2,3)表示未来第 i 天的预测值，图 6-17 所示是三种模型输出的变形曲线。

表 6-4　三种模型的预测结果对比

时间/d	沉降量/mm	AR/mm	RE/%	GM/mm	RE/%	GPR-1/mm	RE/%	GPR-2/mm	RE/%	GPR-3/mm	RE/%
31	38.7	38.1	2	36.4	6	38.9	1	41.3	7	37.4	3
32	41.2	39.9	3	39.2	5	38.2	7	38.6	6	38.6	6
33	47.8	40.3	16	42.2	12	41.0	14	37.4	22	37.8	21
34	47.5	42.3	11	45.4	4	46.5	2	41.2	13	36.4	23
35	52.2	42.8	18	48.7	7	49.0	6	47.9	8	41.1	21
36	52.8	44.7	15	52.3	1	53.1	1	50.7	4	49.2	7
37	52.5	45.2	14	43.5	17	55.2	5	55.2	5	52.1	1
38	54.3	47.1	13	46.5	14	53.1	2	56.9	5	57.0	5
39	55.9	47.7	15	49.7	11	53.2	5	52.3	6	58.1	4
40	56.7	49.5	13	53.1	6	55.2	3	52.5	7	51.0	10
41	58.0	50.2	14	56.7	2	56.3	3	54.9	5	51.7	11
42	59.3	52.0	12	60.5	2	57.8	2	56.4	5	54.4	8
43	60.0	52.6	12	51.5	14	59.9	0	58.0	3	56.3	6
44	61.5	54.4	11	54.7	11	60.7	1	60.6	1	57.9	6
45	62.6	55.1	12	58.1	7	62.3	1	61.4	2	61.2	2
46	63.0	56.8	10	61.6	2	63.4	1	63.0	0	61.9	2
47	64.1	57.5	10	65.3	2			64.3	0	63.6	1
48	65.3	59.1	9	69.2	6					64.9	1
MRE/%		12		7		3		6		8	
σ_k/mm		6.9		5.1		2.2		4.0		5.5	

从统计结果和变形曲线可以看出，GPR-1 的整体预测精度比 AR(p)和 GM(1,1)预测精度提高了 9%和 4%，GPR-2 预测精度较 AR(p)和 GM(1,1)也有所提高。GPR-TIPM 对建模的样本数据要求不苛刻，允许数据为非典型数据，对短期预测的效果较好，能够输出光滑预测曲线和置信区间，另外 GPR-TIPM 仅要求数据正态分布，AR 还需正态平稳。AR 在预测之前进行了趋势项拟合，能够预测较长远的未来变形趋势，但预测精度较差。

采用的预测模型不同，预测结果也不尽相同，主要是因为各种模型的建模机理各不相同，都存在一定的局限性，至于最终使用何种模型，具体问题具体分析。如果我们对监测数据变形特点有足够的了解，如变形表现出很强的线

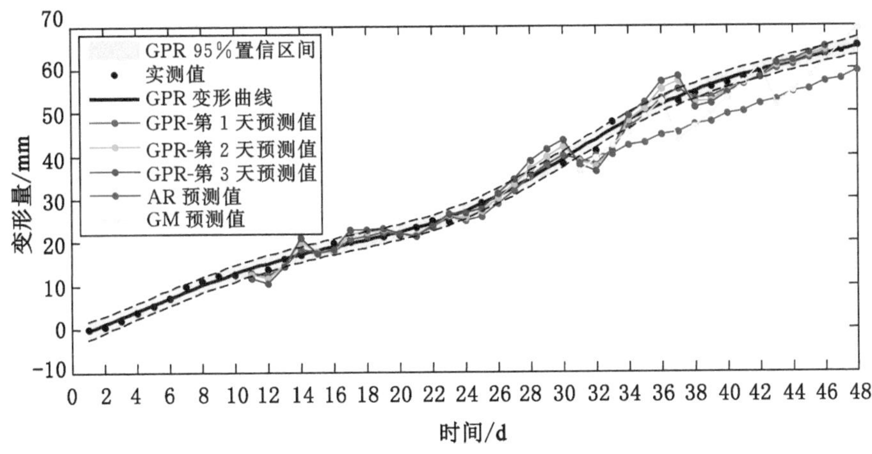

图 6-17　GPR-TIPM、AR 和 GM 时间-位移预测曲线对比

性关系，显然要选择线性模型；如果我们对变形的机理认识不足，考虑使用 GPR-TIPM 或 GPR-DIPM 也未必不是一种理想的选择。

6.5　本章小结

本章将 GPR 应用到监测点非线性时间序列分析中，首先应用组合式核函数 Matern32＋SE 匹配时间序列数据呈现出非线性并伴随微小“抖动”的特点；其次研究了递进-截尾式参数自动更新模式和最佳训练样本集的选择方法，在此基础上建立了以时间作为输入项的 GPR-TIPM 模型，该模型能实时地输出监测点的时间-位移曲线，位移与时间的关系无论是简单线性还是复杂的非线性，该曲线都得以反映。由于 GPR-TIPM 没有顾及监测数据的自相关性，在 GPR-TIPM 的基础上进一步建立以历史数据作为输入项的 GPR-DIPM。GPR-TIPM 的优点是建模简单，可设定更长的预测周期，时间作为输入项连续性强，计算效率比 GPR-DIPM 要高出许多，而 GPR-DIPM 顾及变形的自相关性，数据量大，丧失了 GPR-TIPM 的优点。综合考虑计算效率、预测精度和预测周期的长短，GPR-TIPM 的整体性能优于 GPR-DIPM。

本章最后选择 GPR-TIPM 与 AP(p)和 GM(1,1)两种典型的动态预测模型进行实验对比分析，结果表明就短期预测效果而言，GPR-TIPM 较二者具有明显的优势。

第7章　GP智能变形分析方法在边坡变形监测中的应用

7.1　概述

我国是矿产资源开采大国，而且采矿技术越来越先进，经过煤矿重组和技术改进，已诞生出一批大型的现代化煤炭生产基地，已达到几千万吨甚至亿吨级的产能。近些年，现代化的矿山生产企业十分重视对矿山地质灾害的监测治理，在灾害监测治理方面逐年加大投资力度。部分矿山企业应用无线通信技术、网络技术对矿山灾害进行自动化监测，特别是传感器技术已经在矿井安全生产中得到广泛应用，如瓦斯监测、地下水监测、矿山压力监测等，然而我国多数矿山在地表灾害监测中往往采用类型单一的传感器、数据处理较简单、反馈信息滞后，传统的监测方法已经不能为现代化的矿井生产提供足够的安全保障。随着传感器技术逐渐标准化、规范化，以及空间信息处理理论的不断完善和发展，构建自动化、智能化灾害监测系统必将是今后建设“智慧矿山”的一项重要内容。

7.2　矿山边坡监测

矿山边坡是矿山生产建设过程中，由于采矿工程的需要，在土体或复杂岩体中进行大规模开挖而形成人工边坡，其与一般自然斜坡（滑坡）相比有其独特性[149]：① 出于工程的需要，要求矿山边坡在一定的时间段内对变形有严格的限制；② 工程运营中的变化也会对边坡的稳定性产生影响；③ 矿山边坡通常是人工边坡，形成的时间短。

人们通常将矿山边坡未发生整体崩塌前的变形或位移视为边坡变形，如矿山边坡台阶面和地表出现裂缝，局部小范围产生的滑落、垮塌等，此时的边坡并不失其完整性。矿山边坡受内因的作用而产生的变形、位移经常导致裂缝延长增宽、局部的垮塌、滑落，这些现象往往是边坡整体失稳破坏的前兆。边坡失稳破坏是指边坡变形到一定程度在外因（如降雨）的诱发下而导致边坡解体，整体崩滑。如果在边坡整体失稳前，利用一定的技术手段分析边坡的变形和稳定性并做出预测，在一定条件下加以治理，边坡通常不会发生整体破坏。

边坡的变形是一个动态过程，显然从变形到整体失稳破坏是一个与时间有关的复杂累进性过程，即蠕动体变形。边坡的变形与稳定性问题比较复杂，在不同时期，人们用不同的方法从不同的角度对边坡进行了大量研究。

矿山边坡（滑坡）预测方法主要有三种类型，即内因分析法、外因分析法和变形监测方法。矿山边坡稳定性分析是基础，结合现场的地质条件调查和模拟实验，构建引起变形的力学模型，然后经过多种动力学分析，从本质上认识引起变形的原因，这种方法统称为内因分析法，其优点是构造了边坡的地质力学模型，虽然以内因预测的方法也不乏成功者，总的看来预测的成功率低[143]。

7.2.1　监测对象简介

本书选用山西省平朔矿区作为研究区域，山西省平朔矿区属于山西省六大煤田之一的宁武煤田，位于朔州市中南部，地跨平鲁区、朔城区和山阴县。平朔矿区面积约为 403 km^2，区内有平朔公路南北通过，交通条件便利，图 7-1 所示为平朔矿区地理位置示意图。

平朔矿区内沟谷纵横，地形切割剧烈，沟谷中基岩零星出露，属剥蚀、侵蚀低山丘陵地貌，地势总体上北高南低，区内河流属于海河流域桑干河水系，水土流失严重，沟谷基本干涸无水，汇水面积不大。矿区属典型的大陆性气候，春季干旱，冬季寒冷干燥，夏季天气凉爽，夏末秋初降水多。年平均气温4.5°，年平均降水量 462 mm，年蒸发量平均 2 351 mm。霜冻结冰期自 10 月下旬至次年 4 月，冻土厚度在 1.2 m 左右，最大可达 1.5 m，风向以西北风最多，最大风速可达 21 m/s。

矿区地层由老至新为：奥陶系马家沟组灰岩；石炭系本溪组泥岩、粉砂岩，太原组泥岩、灰岩、砾岩；二叠系山西组泥岩、砂砾岩，下石盒子组泥岩，上石盒子组泥岩、粉砂岩；新生界第三系保德组黏土和粉质黏土；新生界第四系午城组黏土，马兰组粉土及粉质黏土，全新统冲洪积层粉土夹砂砾石层。矿区主要含煤地层为石炭系太原组，共含煤 10 余层。

矿区的主要构造为一向斜，伴生着次一级的波状褶曲。向斜轴向 N30°W，

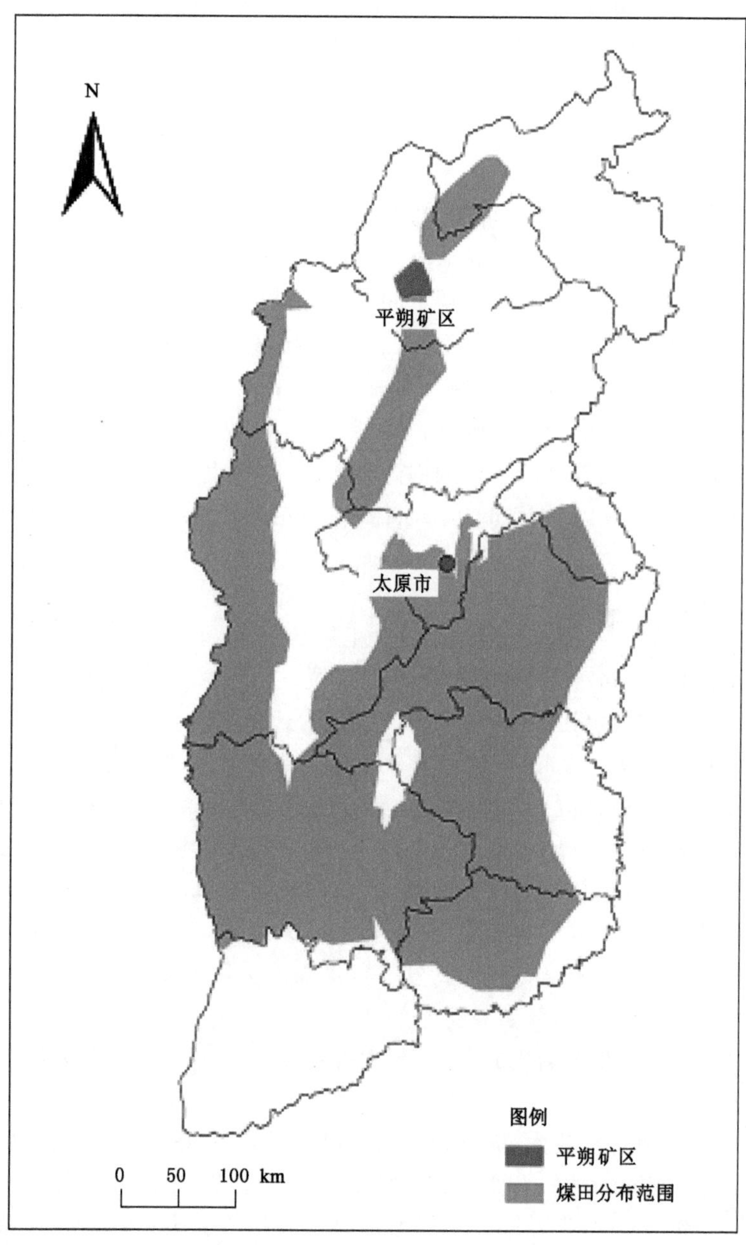

图 7-1　平朔矿区地理位置示意图

次一级褶曲均发育，近似平行，走向 N45°E，其规模由东南向西北依次减弱。如芦子沟背斜、白家辛窑向斜等。区内地层产状比较平缓，一般在 10°以下，边缘地区倾角较大，一般为 20°～30°。整个矿区，峙峪区断裂较多，构造复杂；一般地层倾角平缓，断裂稀少，褶曲宽缓，构造简单。

井工二矿是平朔矿区内的现代化矿井之一，图 7-2 所示是井工二矿在矿区内的位置，由于涉及坐标系，图中截取了一部分。

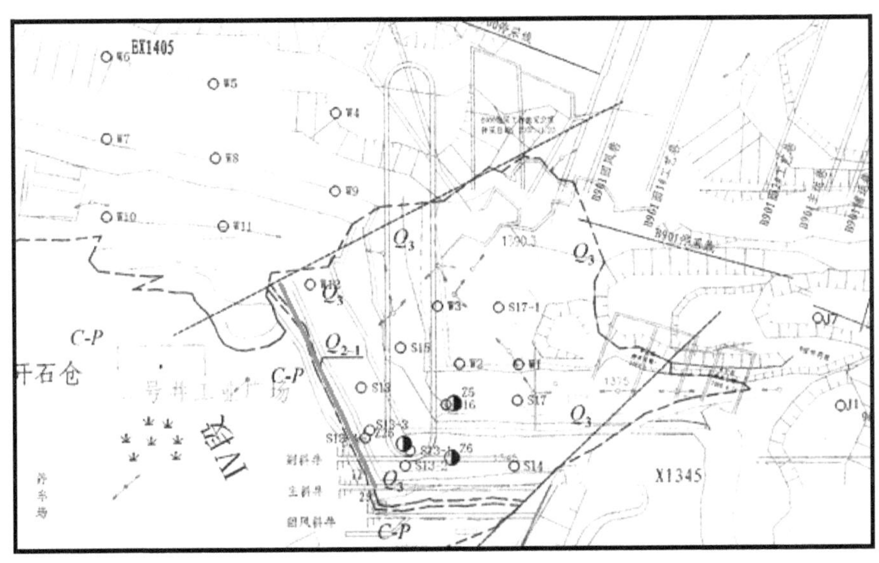

图 7-2　二号井的位置示意图

井工二矿边坡（简称为二号井边坡）是在矿井建设和生产过程中形成的人工边坡，该边坡的走向方位约为 150°，长约 200 m，坡面面积 6 万多平方米。边坡最大高程约为 1 390 m，坡脚约 1 300 m，边坡坡高近 90 m。边坡共分 5 级，各级平台宽 10～35 m 不等，单级边坡高度介于 10～40 m 之间，坡度一般在 45°～55°之间。由于排水不畅，于 2007 年 10 月在雨后发生局部崩塌，后经治理，边坡西侧坡面采用喷面网支护，坡顶设置截水沟，东侧未进行任何坡面支护。

二号井边坡坡脚设置有主、副斜井，回风斜井及皮带走廊等重要工业设施。边坡上部 50 m 主要由 Q_1～Q_3 黄土状粉土、粉质黏土及黏土组成，底部

40 m 为强～中风化砂岩夹泥岩，可见垂直节理发育，边坡地层岩性分布情况如图 7-3 所示。地下水以第四系土层中的上层滞水及基岩裂隙水的形式存在，地下水的补给来源主要是大气降雨。

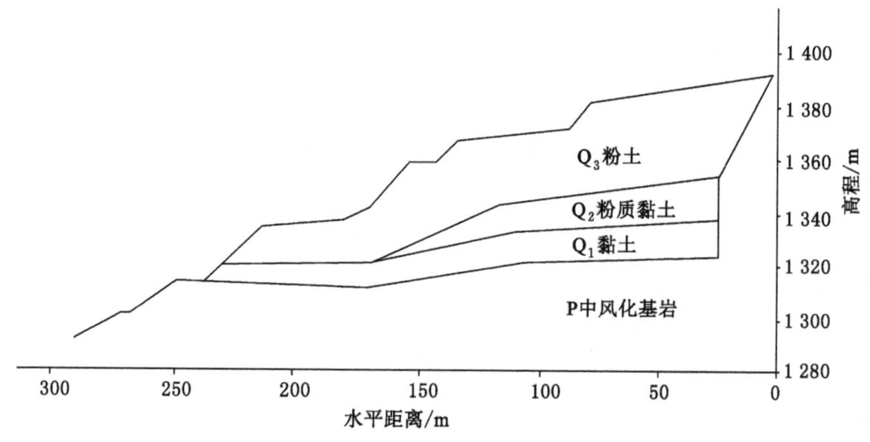

图 7-3　边坡地层岩性分布情况

7.2.2　GeoRobot 自动化监测系统

监测数据来自二号井边坡自动化监测系统，二号井边坡的监测采用 GeoRobot＋GNSS 自动化监测系统，GeoRobot 是集自动目标跟踪照准、自动测角与测距、自动记录于一体的自动化测量平台，获取包括距离、角度、温度、气压等多种观测值，目前主要用于高精度的变形监测、精密工程测量。该系统相比传统的单一的传感器监测方法，具有无可比拟的优点，极大降低了野外测量的劳动强度，提高了作业效率；提供实时或近实时的观测数据，自动记录和存储，避免了人为操作的错误。二号井边坡自动化监测实现了自动采集数据，由无线通信系将观测数据实时传输到数据中心进行统一管理和分析，该系统自安装到本书成稿时一直在稳定地运行，图 7-4 所示是 GeoRobot 监测系统的监测站点。

监测区沿边坡倾向方向呈阶梯状分布，为了充分发挥监测点的作用，根据边坡的地形特征，在监测区域内沿走向方向在 5 个“台阶”上布设了监测棱镜(监测点)，总共有 63 个监测点，构成 5 条监测线。图 7-5 所示是二号井边坡外貌和监测点布置图，监测点呈现近似“网格”状的分布特征。

图 7-4　自动化监测站点

图 7-5　二号井边坡外貌和监测点布置图

7.2.3　监测数据预处理

二号井自动化监测系统自安装以来，积累了大量的观测数据，本书选用 2010 年 4 月到 8 月期间的观测数据作为实验数据，个别监测点在某个监测时间点上有数据缺失，最终记录观测数据 6 000 多条。

尽管 GeoRobot 测站点布置在较为平坦稳定的平台上，由于二号井边坡所处的环境复杂，测站点坐标还是需要每隔一段时间进行检验更新。小部分监测点受井下开采和地表上方施工作业的影响，监测点的沉降量并非一直表现为连续下沉，有的点表现为上升，如果影响到测站点，可能会产生微量的系统误差。

选取了编号为C1-06的监测点连续120天的时序观测值进行初步分析，表7-1所列为C1-06点连续120天的累积垂直位移量。根据表7-1中的数据绘制了时间-垂直位移变形曲线(图7-6)，曲线形状反映了监测数据的“抖动”特征，总的看来在垂直方向上是发生了沉降。其中第38天有一个明显的加速下沉，从第58天开始又表现出一个上升趋势，第114天又有一个下沉。总之，时间和沉降量之间呈现出一个复杂的非线性关系。

表7-1　C1-06点时间序列观测数据

时间/d	变形量/mm	时间/d	变形量/mm	时间/d	变形量/mm	时间/d	变形量/mm
1	−0.1	31	−3.9	61	−6.6	91	−8.7
2	−0.2	32	−4.0	62	−6.8	92	−9.0
3	−0.1	33	−4.1	63	−6.6	93	−9.2
4	−0.3	34	−3.9	64	−7.5	94	−8.6
5	−0.4	35	−4.3	65	−8.3	95	−9.2
6	−0.6	36	−4.2	66	−7.8	96	−9.7
7	−0.7	37	−4.1	67	−8.4	97	−9.6
8	−1.7	38	−8.0	68	−7.5	98	−10.1
9	−1.4	39	−9.1	69	−7.9	99	−11.6
10	−0.9	40	−8.5	70	−7.4	100	−11.8
11	−1.0	41	−9.7	71	−7.6	101	−12.1
12	−1.4	42	−9.4	72	−6.5	102	−13.0
13	−1.4	43	−8.9	73	−7.1	103	−13.5
14	−2.0	44	−9.3	74	−6.7	104	−14.2
15	−1.5	45	−9.5	75	−6.4	105	−14.0
16	−1.1	46	−9.7	76	−6.7	106	−14.3
17	−1.1	47	−10.2	77	−6.3	107	−14.9
18	−0.7	48	−10.0	78	−6.5	108	−15.2
19	−1.9	49	−10.1	79	−6.6	109	−15.9
20	−2.0	50	−10.4	80	−6.2	110	−15.6
21	−2.0	51	−10.6	81	−6.1	111	−16.5
22	−2.3	52	−10.3	82	−6.0	112	−16.6
23	−2.3	53	−10.2	83	−6.1	113	−17.3
24	−3.1	54	−9.7	84	−6.9	114	−21.8
25	−2.4	55	−10.7	85	−7.2	115	−22.3
26	−3.0	56	−10.4	86	−6.3	116	−25.2
27	−3.2	57	−10.2	87	−6.9	117	−25.6
28	−3.8	58	−9.0	88	−6.9	118	−26.4
29	−3.3	59	−7.1	89	−7.4	119	−26.1
30	−3.7	60	−7.3	90	−8.3	120	−26.8

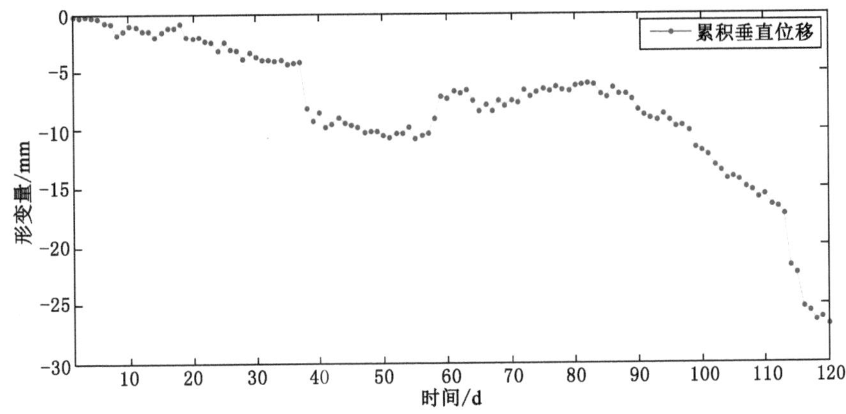

图 7-6　C1-06 点连续 120 天的时间-垂直位移变形曲线

为了便于在查看时与边坡场景吻合，按照边坡的走向角 θ 将原坐标系按照式(7-1)进行坐标系旋转，并用上下方、左右侧来标识边坡的"方位"，转换后监测点的分布情况如图 7-7 所示，图中 C1、C2、C3、C4 和 C5 表示测线名称。

$$\begin{cases} x' = x\cos\theta + y\sin\theta \\ y' = y\cos\theta - x\sin\theta \end{cases} \tag{7-1}$$

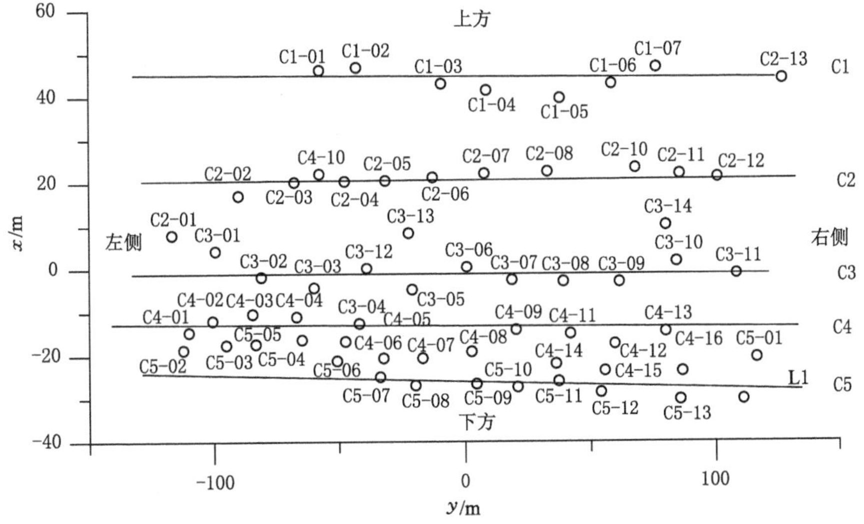

图 7-7　坐标系旋转后监测点分布

数据处理过程中，各种类型数据之间的量纲和数量级不一致，如坐标值单位通常用 m 或 km，残差单位用 mm 或 cm。为了数据处理方便，往往需要对数据进行标准化或归一化处理，以消除量纲和数据级的限制。

GP 在数据分析时，经过数据预处理，使得其均值函数变化为零，将各个原观测数据减去均值就可完成均值函数化为零。

GP 的假设条件是观测值是正态分布，要求进行分析计算的数据服从正态分布[150]。但在实际应用中，数据可能有含有奇异值、高偏度和非正态分布性质，这对于后续的数据分析计算会产生影响。在数据处理前，先对样本数据进行统计分析，检验样本是否服从正态分布，若样本不服从正态分布，再对数据进行变换，转为符合正态分布的形式。

正态变化的方式常用形式有对数变换、Box-Cox（博克斯-考克斯）变换和 Johnson（约翰逊）变换[151]。对数变换简单容易，但有时难以满足要求，Box-Cox 变换的幂参数可由极大似然估计得到。当 Box-Cox 变换不能满足要求时，可采用 Johnson 变换，Johnson 变换是一种高级数据变换方法，理论上有更强的变换能力，但计算也变得复杂。

7.3 监测结果与分析

7.3.1 时空位移特征分析

选择累积位移速率角、累积位移速率比、位移矢量角和位移方位角对二号井边坡的时空位移特征进行分析。

7.3.1.1 变形阶段分析识别

如果仅通过 1 个监测点的位移速率分析边坡的变形阶段则存在片面性，实验选择测线 *C*2、*C*3 和 *C*4 上的共 42 个点从 4 月 4 日到 5 月 4 日的观测数据用式(7-8)计算 A 值，时间单位为天，计算结果以相应测线上监测点的 A 值绘制成直方图，如图 7-8 所示。图中 A 的度量单位为弧度，量级为 10^{-3}，接近于 0，表明二号井边坡处于等速变形阶段。

7.3.1.2 累积位移速率比分析

选择监测点 *C*1-06 连续 120 天的三维累积位移量计算其累积位移速率比（短期时间间隔为 1 天，即 $\Delta t=1\ d$），三维累积位移数据计算结果见表 7-2。

图7-8　测线上各点的A值统计直方图

表 7-2　C1-06 连续 120 天的三维位移量　　时间单位:d

时间	位移/mm	时间	位移/mm	时间	位移/mm	时间	位移/mm	时间	位移/mm	时间	位移/mm
1	0.0	21	8.1	41	20.3	61	34.7	81	49.4	101	63.5
2	1.4	22	16.5	42	20.4	62	36.1	82	50.5	102	65.9
3	1.0	23	14.9	43	20.5	63	35.2	83	50.5	103	65.9
4	2.3	24	10.8	44	23.4	64	36.8	84	51.0	104	56.2
5	2.2	25	11.3	45	23.1	65	37.8	85	52.6	105	56.9
6	2.8	26	10.9	46	25.8	66	37.5	86	53.7	106	57.4
7	3.0	27	14.9	47	25.9	67	37.9	87	53.8	107	58.9
8	4.0	28	11.8	48	26.8	68	38.8	88	54.5	108	60.0
9	5.2	29	12.7	49	27.5	69	39.6	89	54.4	109	60.2
10	3.9	30	16.1	50	28.0	70	40.6	90	54.9	110	60.0
11	4.3	31	13.9	51	26.8	71	42.8	91	54.3	111	64.3
12	5.6	32	13.5	52	26.0	72	44.2	92	58.4	112	66.9
13	6.2	33	15.3	53	26.6	73	46.5	93	57.5	113	68.9
14	7.5	34	15.2	54	27.6	74	45.4	94	58.0	114	69.6
15	6.5	35	18.3	55	29.1	75	46.2	95	58.1	115	73.7
16	6.1	36	16.6	56	26.0	76	48.0	96	59.2	116	75.6
17	9.7	37	15.6	57	26.9	77	48.4	97	59.6	117	82.5
18	8.3	38	15.8	58	35.2	78	48.6	98	60.7	118	82.6
19	8.3	39	20.4	59	33.3	79	48.3	99	61.2	119	83.3
20	9.7	40	20.2	60	33.6	80	48.1	100	64.1	120	79.4

随着时间的推移 u 的数值是逐渐增加的,例如计算第 30 天的 λ_{30},此时的 $u=30$,本例中 Δt 的时段个数最大为 $u=120$。根据式(5-5)计算了连续 120 天的 λ_i,以时间为横轴、累积位移速率比为纵轴,按照式(5-6)计算准则分成四个等级绘制直方图,结果如图 7-9 所示。

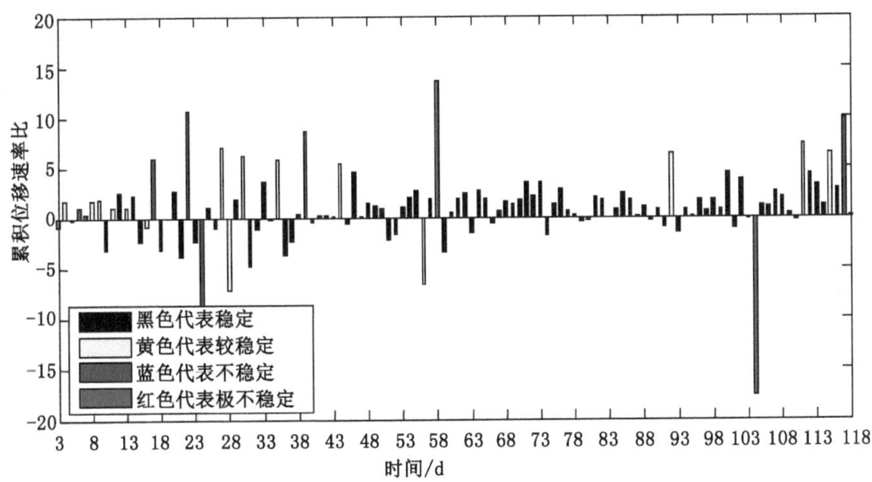

图 7-9　C1-06 累积位移速率比直方图

从图 7-9 中可以看出监测点 C1-06 在不同的时间点上，其变形量不完全相同，C1-06 多数情况下呈现黑色和黄色，说明大多数的 λ 值较小，经统计有 107 天处于相对稳定状态。如果某个时间点呈现出红色柱体，表明该点极不稳定，其所在的局部范围发生破坏的概率增大。从图中发现第 22 天、第 24 天、第 39 天、第 58 天、第 104 天、第 117 天 C1-06 表现出不稳定性，特别是第 104 天 λ 小于 0，表明该点三维累积位移总量减少。图中绝大多数的 λ 是大于 0 的，说明累积位移随着时间的推移趋向增加，但也有少数天数是减少的，这与时间-位移曲线表现出的波动性相吻合。

值得注意的是，在第 2 天到第 17 天这一区间内，会出现监测点不稳定时 λ 的值小于监测点稳定时 λ 的值，在开始一段时间内 u 的数值较小是引起这一现象的主要原因，当 u 大到一定数量时，应用式(5-6)计算残差变得更有意义。

7.3.1.3　位移方向特征分析

(1) 垂直位移矢量角和水平位移方位角

计算监测点的垂直位移矢量角和水平位移方位角可以分析边坡的滑移方向，实验选择以月作为时间周期，用连续 5 个月的三维位移分量按照式(5-7)和式(5-9)计算了 4 条测线上监测点的垂直位移矢量角和水平位移矢量角，分别将计算结果以直方图的形式进行统计，结果如图 7-10、图 7-11 所示。

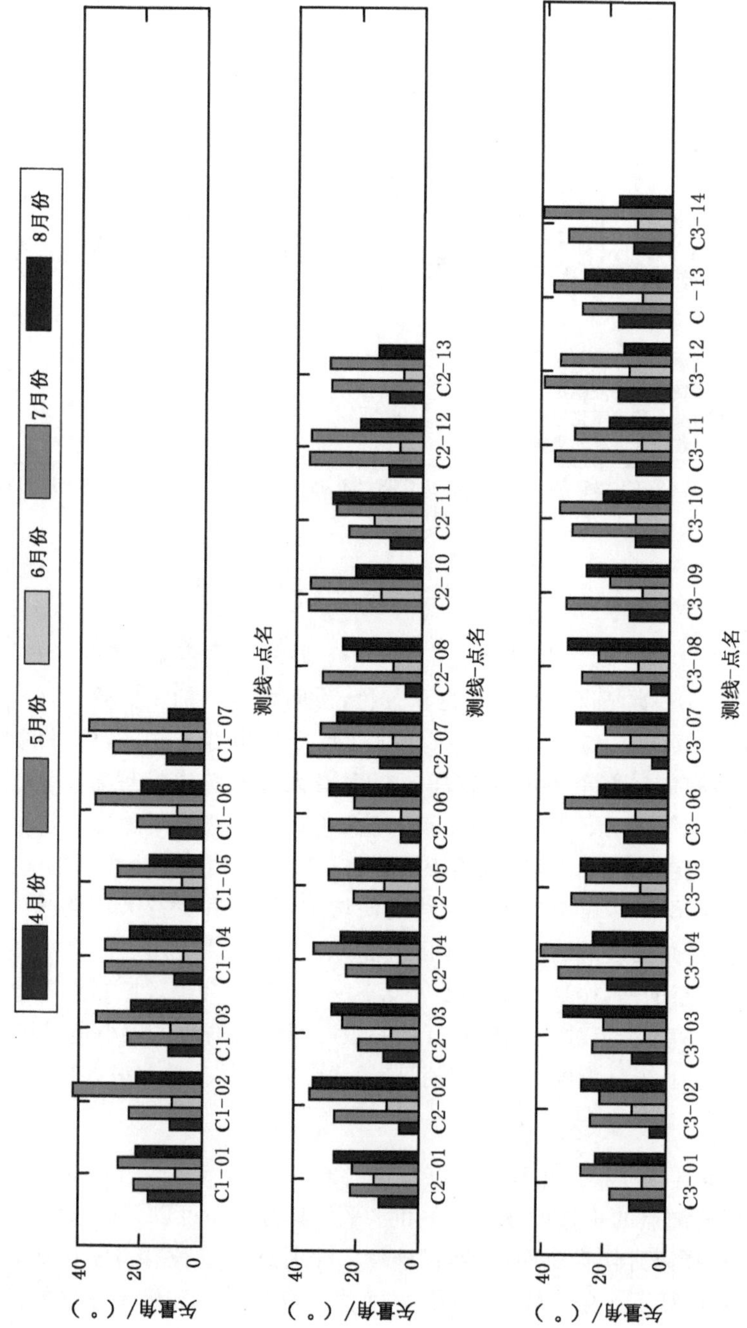

图7-10　垂直位移矢量角统计结果

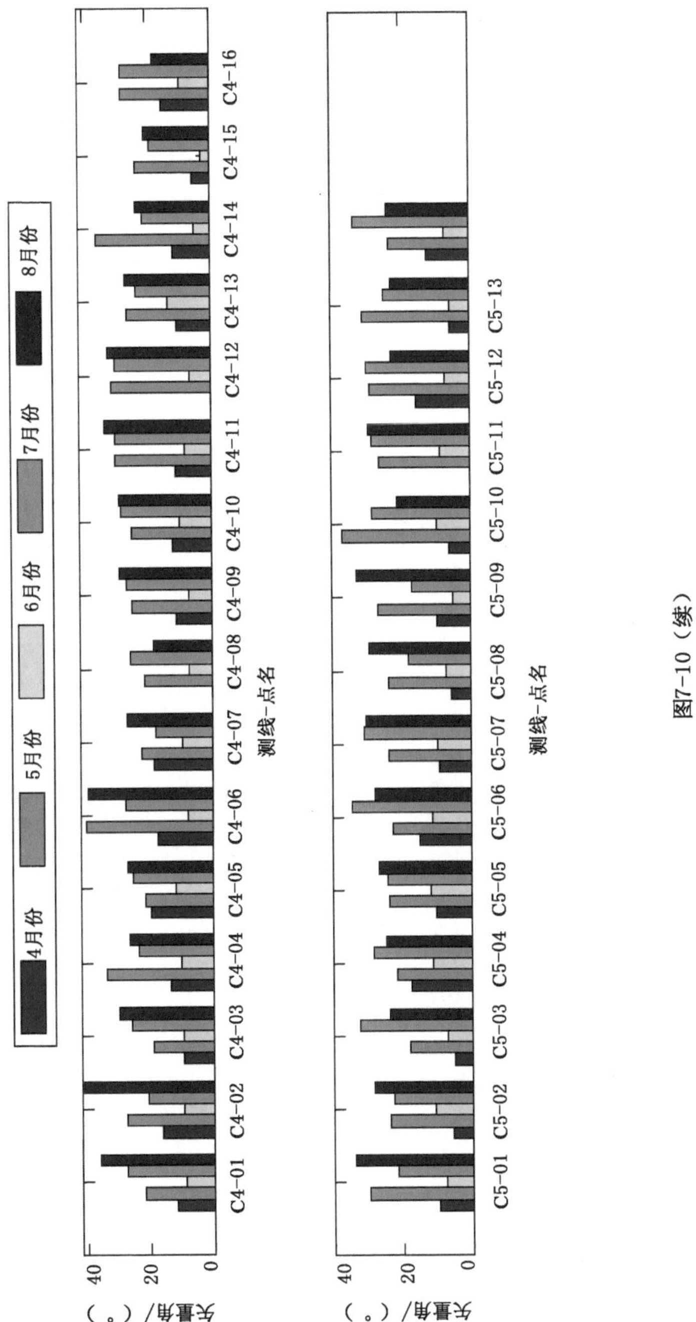
4月份
5月份
6月份
7月份
8月份
矢量角/(°)
40
20
0
C4-01
C4-02
C4-03
C4-04
C4-05
C4-06
C4-07
C4-08
C4-09
C4-10
C4-11
C4-12
C4-13
C4-14
C4-15
C4-16
测线-点名
C5-01
C5-02
C5-03
C5-04
C5-05
C5-06
C5-07
C5-08
C5-09
C5-10
C5-11
C5-12
C5-13

图7-10（续）

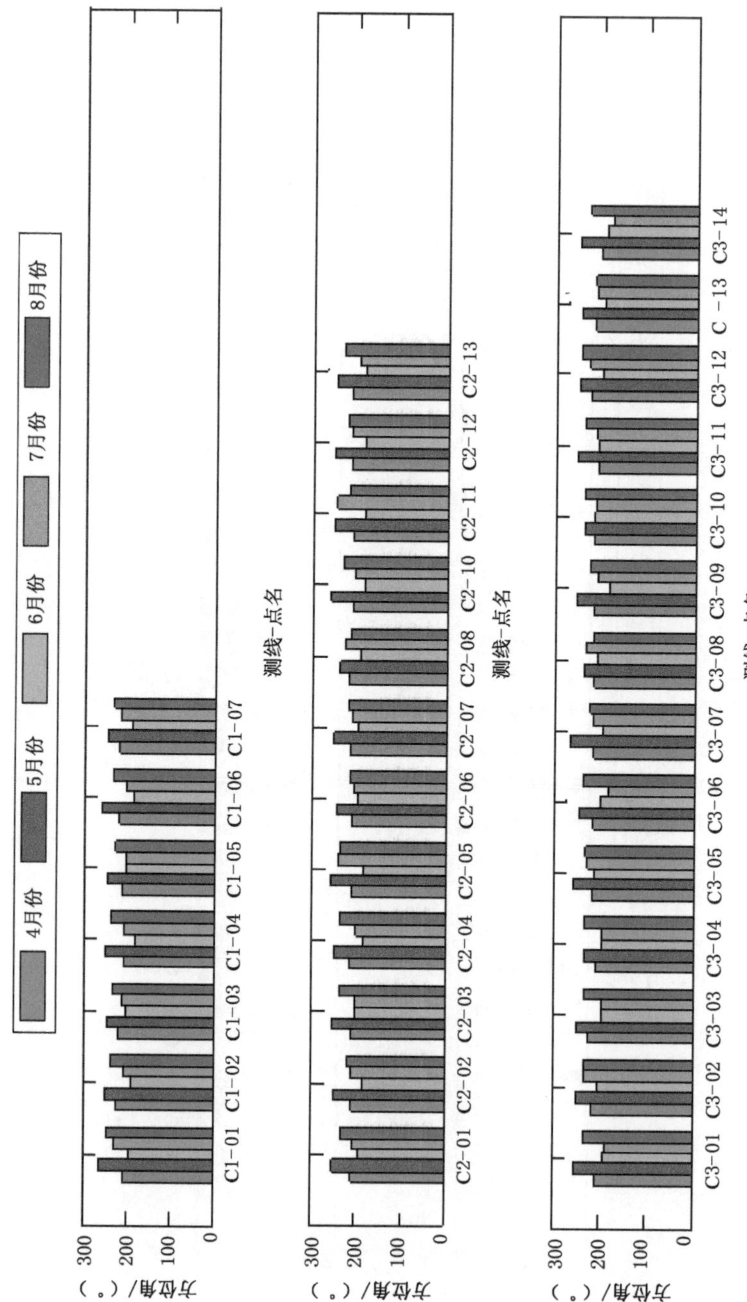

图7-11 水平位移方位角结果

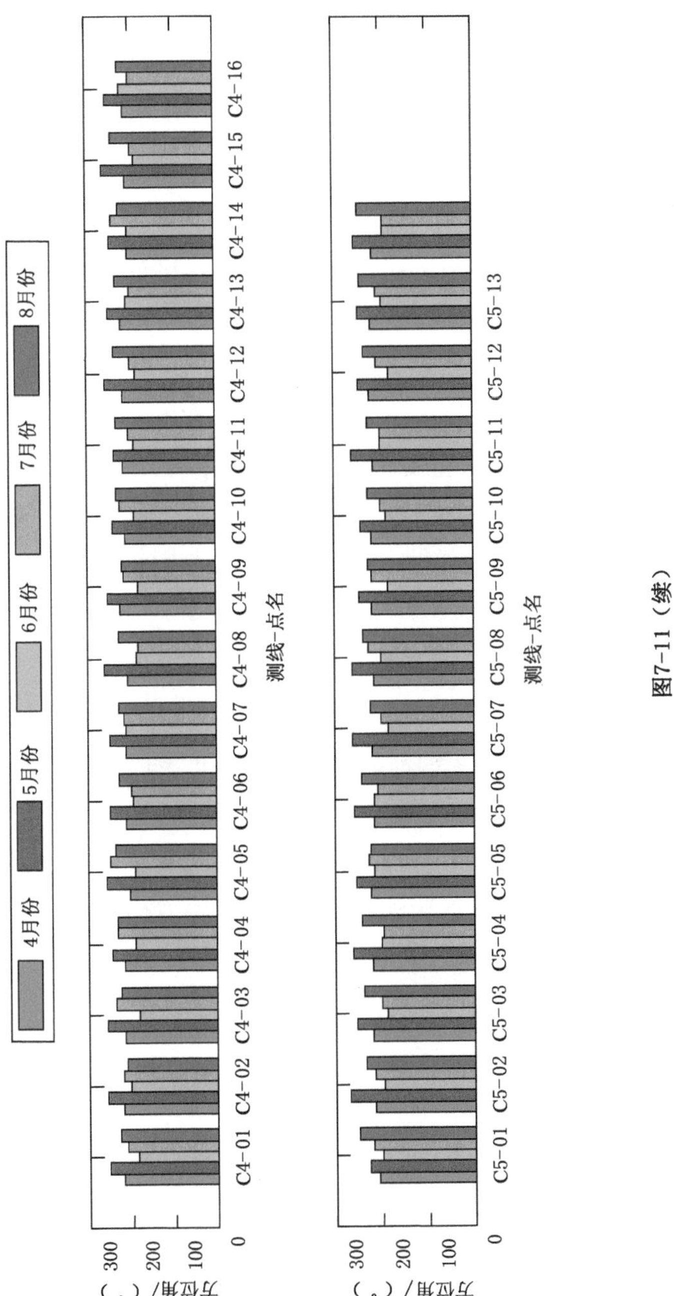
4月份
5月份
6月份
7月份
8月份
方位角/（°）
300
200
100
0
C4-01
C4-02
C4-03
C4-04
C4-05
C4-06
C4-07
C4-08
C4-09
C4-10
C4-11
C4-12
C4-13
C4-14
C4-15
C4-16
测线-点名
方位角/（°）
300
200
100
0
C5-01
C5-02
C5-03
C5-04
C5-05
C5-06
C5-07
C5-08
C5-09
C5-10
C5-11
C5-12
C5-13
测线-点名

图7-11（续）

由图 7-10 所示的结果可以发现，4 月份和 6 月份的垂直位移矢量角平均小于 10°；5 月份的垂直位移矢量角平均达到 27°；到 7 月份垂直位移矢量角又增加到平均超过 30°；到 8 月份略有回落，垂直位移矢量角由小到大相互交替，监测点在坡面上表现出“膨胀”和“后错”交替出现的特征。

从水平位移方位角（图 7-11）来看，水平位移方位角均超过 180°，尽管方位角忽大忽小，但变化幅度不大，由此判断监测点在水平方向上表现为整体向边坡左下方移动，在移动过程伴随小幅“摆动”的特征，这一特征可由图 7-12 更加直观地反映。图 7-12 所示为所有监测点水平位移方位角在平面上的变化情况，为了直观清晰表达位移的方向和大小，图中的位移矢量是放大了 500 倍的效果。

（2）三维位移矢量场

即使在相同的时间段内，各个监测点的三维位移特征量也不尽相同，根据所有监测点的三维位移特征量可以建立一段时间内的三维时空位移矢量场。三维时空位移矢量场既能反映变形量速率的大小，又能表示位移方向，从而可以形象直观、多方位、准确地分析变形区域的变形特征。

二号井边坡三维位移矢量场仍由连续 5 个月的数据建立，选择 4 月初时各监测点的三维空间坐标作为初始位置，由每个月底的监测点空间坐标计算相邻两个月的三维位移量。由三维空间坐标（X，Y，Z）和相应的三维位移量（$\mathrm{d}x$，$\mathrm{d}y$，$\mathrm{d}z$）可绘制出三维位移矢量场，通过旋转、平移和缩放三维位移矢量场，从各个角度可以查看到监测点的位移变化情况。图 7-13 所示是三维位移矢量场中位移速率放大了 500 倍变换得到的一个场景，其中不同颜色的线段表示不同的月份，线段长度代表位移速率，箭头的指向标明了垂直位移和水平位移方向。

通过对二号井边坡的三维位移矢量场多角度查看，发现 4 月份发生的位移量最小，向左略有偏移；5 月份位移加大，向左偏转加大；6、7 月份基本上是向边坡下方滑移，到 8 月份时又开始向左偏移。由其变化特点可以初步判断该边坡的变形模式为缓慢向左下方滑移，在垂直方向伴随小幅“波动”，在水平方向上伴随弯曲小幅“摆动”的特征。

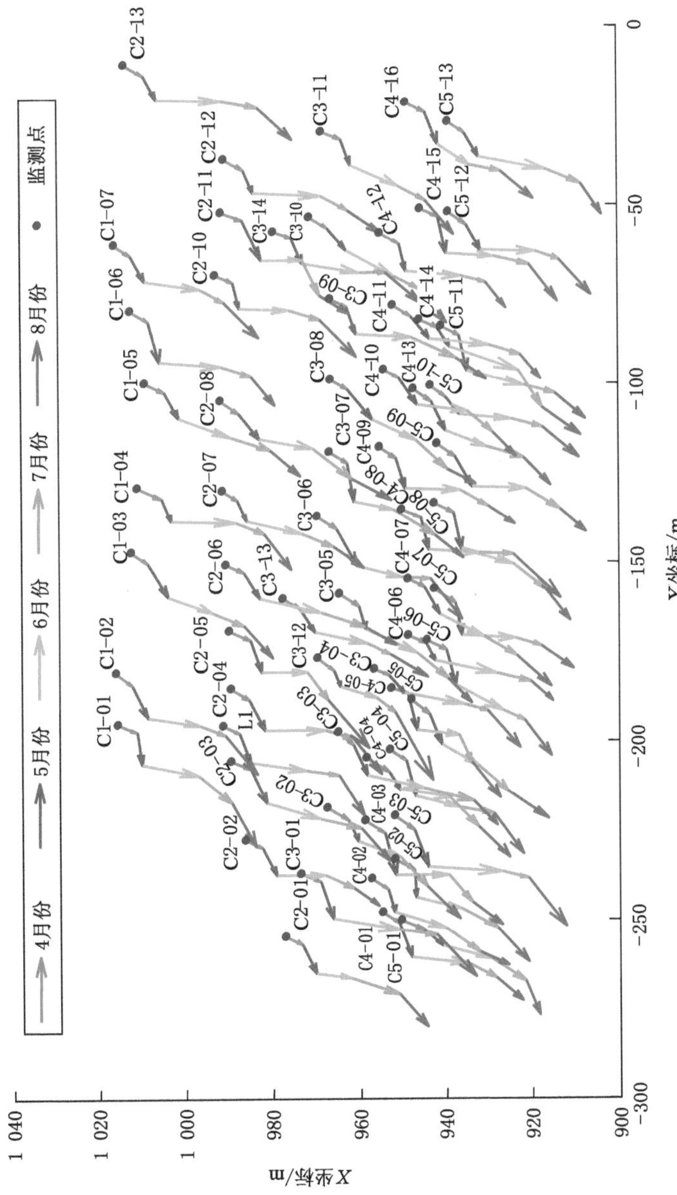

图7-12　水平位移方位角在水平面上的变化特征

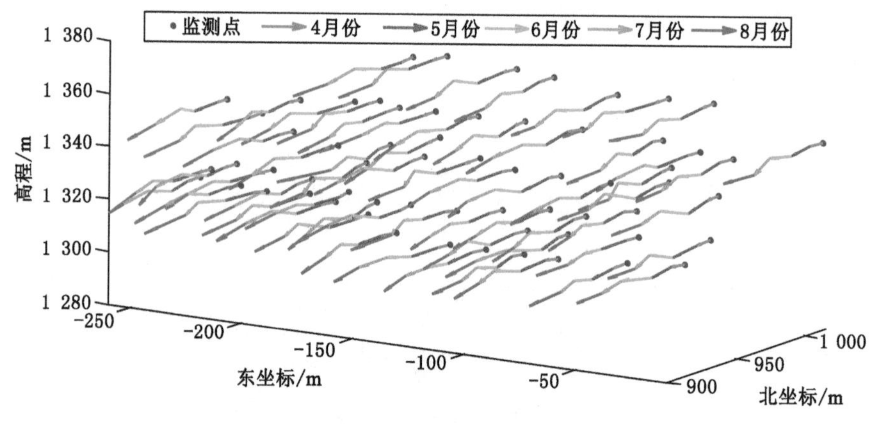

图 7-13　二号井边坡三维位移矢量场

7.3.2　边坡动态预测与分析

7.3.2.1　GPR-TIPM 模型预测与分析

(1) 样本数量的确定

以表 7-1 中的数据作为实验数据应用 GPR-TIPM 预测 C1-06 点的累积垂直位移量，选择 d 等于 7 作为初始值样本数量，检验数据集固定为(13～17)之间的实测值，即 $k=5$。根据图 6-13 所示的预测流程编写程序进行计算，误差统计结果列于表 7-3 中，不同的样本数量对应的预测输出结果如图 7-14 所示。根据图中的置信区间宽度和预测点位的分布来定性地分析样本数量取值是否理想，如果预测点多数位于置信区间外，表明学习结果未取得理想的参数，由图可知，随着 d 的增加，置信区间宽度有所减小，另外当 d 的值增加到 12 时，σ_k 和 σ_d 的值基本趋于稳定，用于预测的训练样本数量取 11 或 12 均可。

表 7-3　不同样本数量的预测指标

指标	样本数量					
	$d=7$	$d=8$	$d=9$	$d=10$	$d=11$	$d=12$
σ_k/mm	0.34	0.34	0.34	0.33	0.33	0.33
σ_d/mm	0.30	0.26	0.25	0.24	0.23	0.22

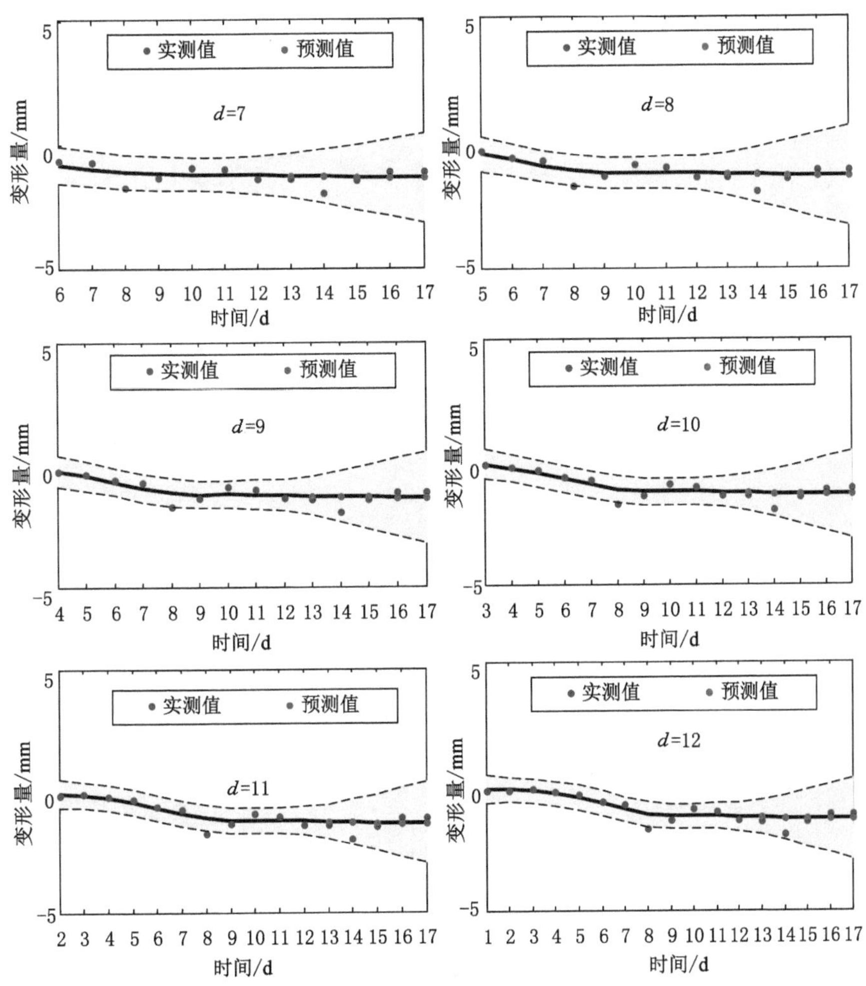

图 7-14　不同样本数量对应的预测输出结果

(2) 动态预测及分析

预测的初始样本选用 1～12 天的实测值进行训练，即 $d=12$，以 Matern32＋SE作为核函数，选用 5 天为一个预测周期预测未来 5 天的变形量，应用 GPR-TIPM 模型连续预测 13～120 天的累积沉降量，未来 5 天的预测值与实测值比较计算预测中误差。输出图 7-15～图 7-19 所示的时间-位移预测曲线图。

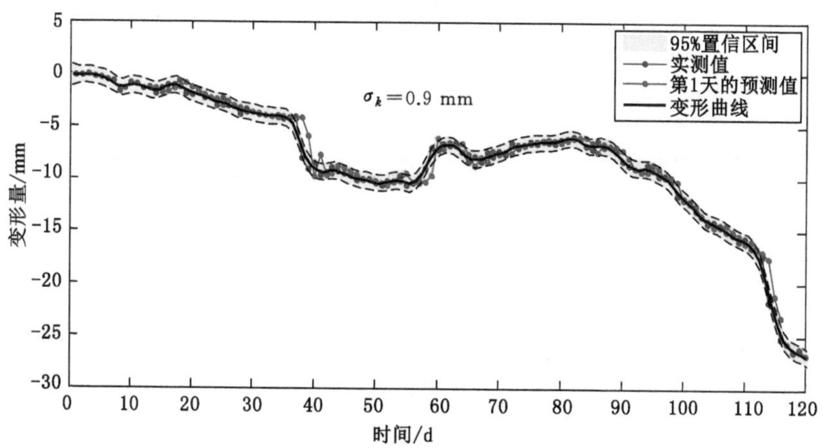

图 7-15　未来第 1 天的时间-位移预测曲线

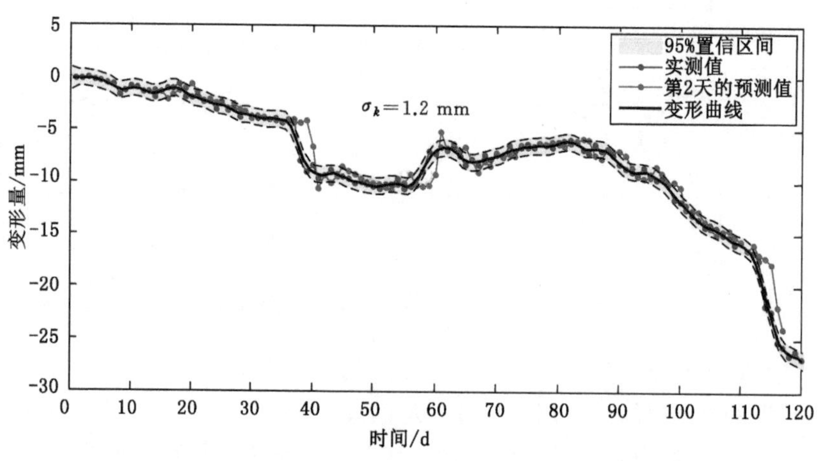

图 7-16　未来第 2 天的时间-位移预测曲线

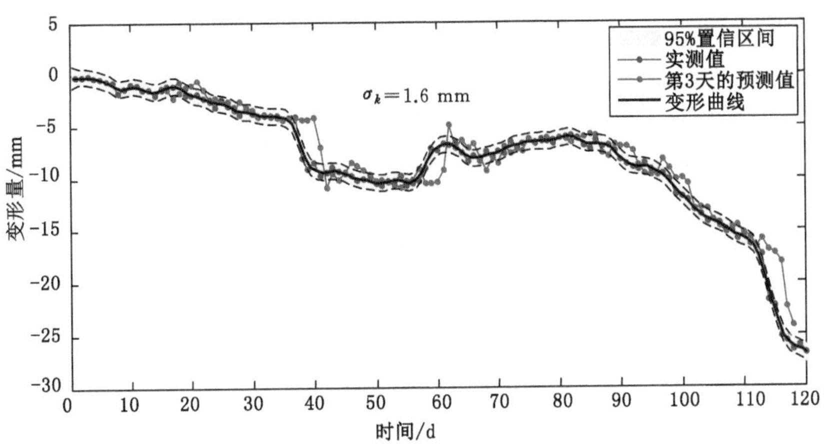

图 7-17　未来第 3 天的时间-位移预测曲线

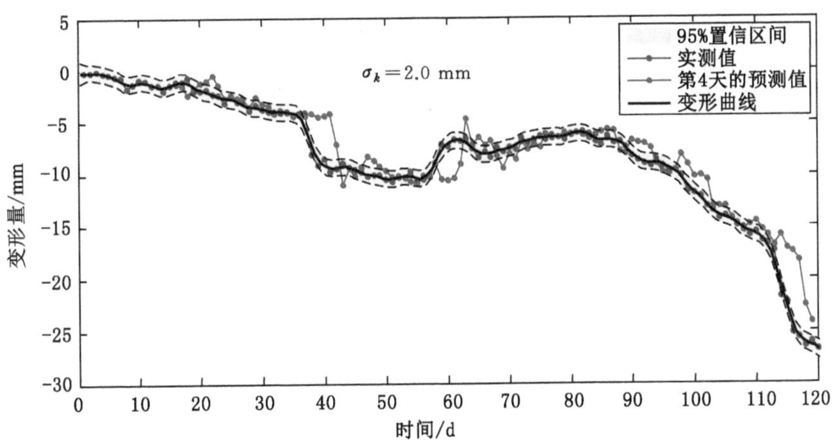

图 7-18　未来第 4 天的时间-位移预测曲线

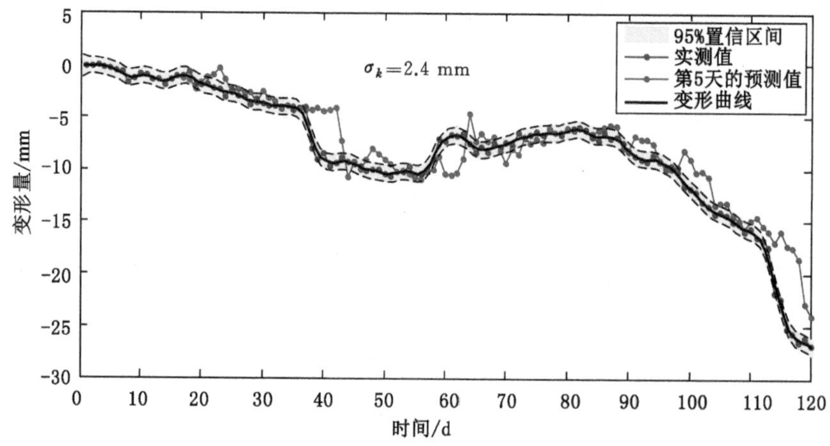

图 7-19 未来第 5 天的时间-位移预测曲线

图 7-15 所示距离学习样本最近的未来第 1 天的时间-位移预测曲线，预测时间是 13～116 天，经统计有 93%的预测值位于置信区间内；图 7-16 所示是未来第 2 天的时间-位移预测曲线，预测时间是 14～117 天，有 88%的预测值落入置信区间内；图 7-17 所示是未来第 3 天的时间-位移预测曲线，预测时间是 15～118 天，第 3 天有 80%的预测值位于置信区间内；图 7-18 所示是未来第 4 天的时间-位移预测曲线，预测时间是 16～119 天，第 4 天有 71%的预测值位于置信区间内；图 7-19 所示是距离学习样本最远的未来第 5 天的时间-位移预测曲线，预测时间是 17～120 天，第 5 天仅有 62%的预测值位于置信区间内。

以上内容是总体上定性分析的结果，为了客观定量地评价 GPR-TIPM 的预测性能，实验计算了预测中误差、相对误差(RE)和平均相对误差(MRE)来衡量预测精度，图 7-20 所示是未来 5 天预测的 RE 和 MER 统计对比结果。经过统计分析，未来第 1 天的相对误差中约有 85%小于 10%，预测中误差 σ_k=0.9 mm；第 2 天的相对误差中约有 73%小于 10%，预测中误差 σ_k=1.2 mm；第 3 天中的相对误差中约有 60%小于 10%，预测中误差 σ_k=1.6 mm；第 4 天中的相对误差中约有 55%小于 10%，预测中误差 σ_k=2.0 mm；第 5 天中的相对误差中约有 50%小于 10%，预测中误差 σ_k=2.4 mm。

计算结果表明，距离学习样本越远，其预测精度越低，如果没有新的实测值更新学习样本和超参数，预测误差会越来越大。与其相对的一面，距离学习样本越近，其相对误差总体上越小，但有个别预测周期的未来第 1 天的预测相

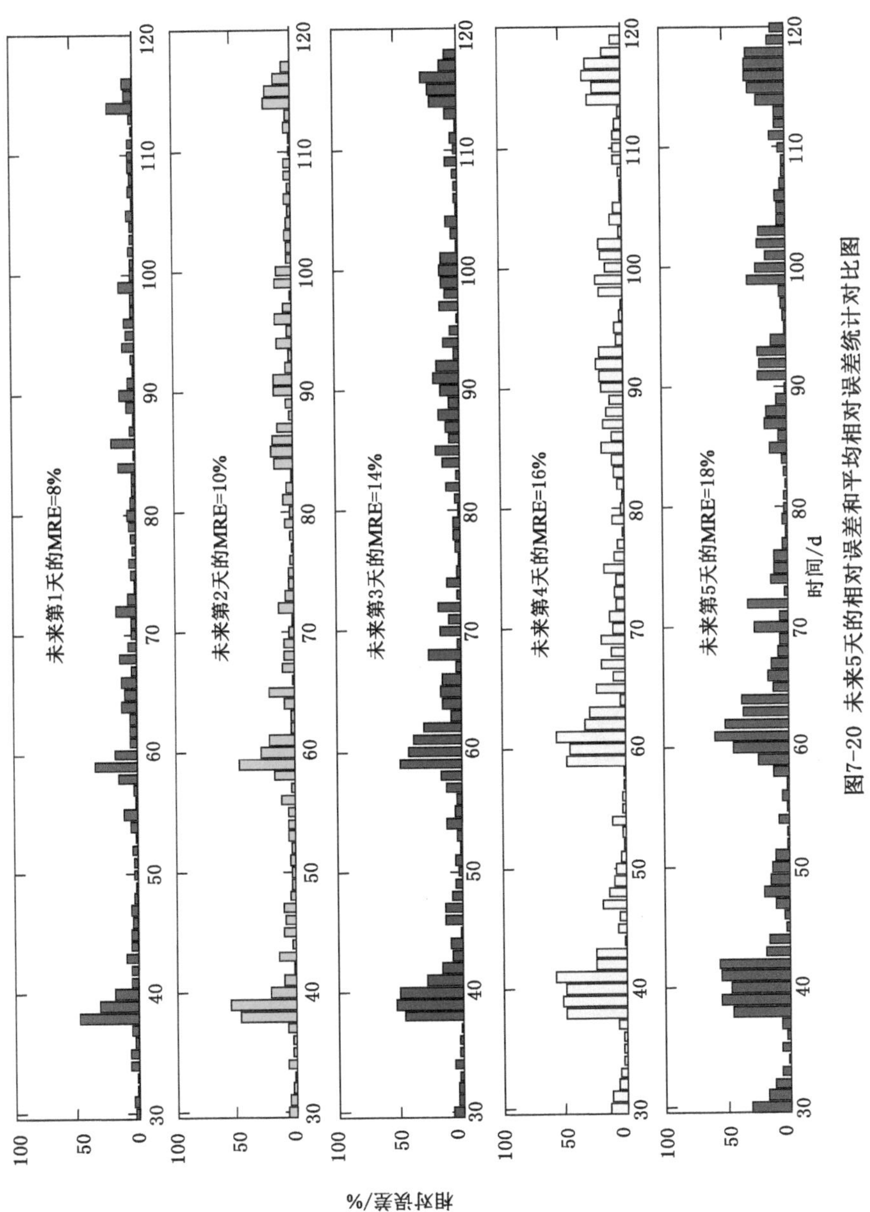

图7-20　未来5天的相对误差和平均相对误差统计对比图

对误差会大一些。相对误差较大的是发生"抖动"较大的位置，如第 38 天的相对误差为 48%。理论上，GPR-TIPM 模型可以预测得更远，但预测结果的可靠性程度会降低。实际应用时，可以将预测周期作为一项参数进行设置。从计算过程和结果可知，GPR-TIPM 预测模型取得了一定效果。

7.3.2.2 GPR-DIPM 模型预测与分析

为了与 GPR-TIPM 进行对比，仍然取 C1-06 点 120 天的监测数据，训练样本数量 $d=12$，在训练样本固定的条件下，确定 $p=2$。表 7-4 列出的是最初训练样本数据，应用 GPR-DIPM 预测 13～118 天的累积沉降量，图 7-21 所示是未来第 1 天的时间-位移曲线图。

表 7-4 初始训练样本数据

No.	输入 x_i	输出 y_i		No.	输入 x_i	输出 y_i	
1	−0.16	−0.19	−0.12	7	−0.74	−1.73	−1.37
2	−0.19	−0.12	−0.26	8	−1.73	−1.37	−0.92
3	−0.12	−0.26	−0.35	9	−1.37	−0.92	−1.03
4	−0.26	−0.35	−0.63	10	−0.92	−1.03	−1.40
5	−0.35	−0.63	−0.74	11	−1.03	−1.40	−1.41
6	−0.63	−0.74	−1.73	12	−1.40	−1.41	−1.97

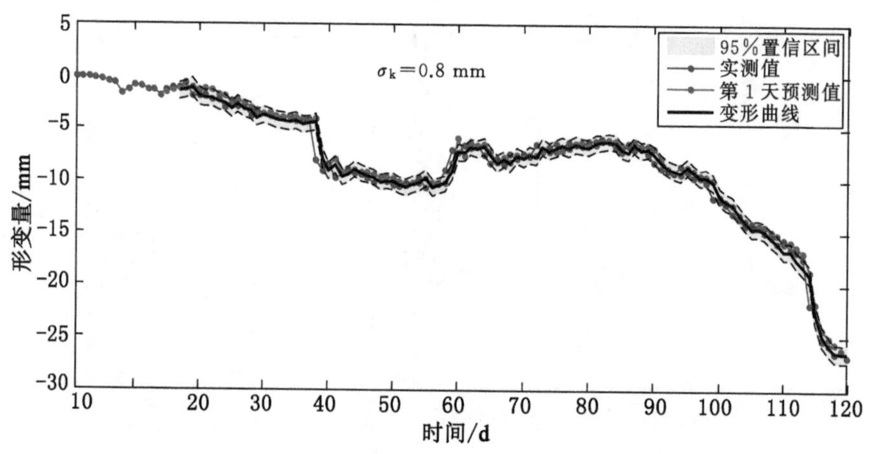

图 7-21 GPR-DIPM 未来第 1 天的时间-位移曲线预测分布

对照 GPR-TIPM 与 GPR-DIPM 未来第 1 天的预测分布图(图 6-10 和图 6-18),GPR-DIPM 的预测中心线不及 GPR-TIPM 光滑。GPR-DIPM 的预测中误差 $\sigma_k=0.8$ mm,MRE 为 7.5%,而 GPR-TIPM 的预测中误差 $\sigma_k=0.9$ mm,MRE 为 8%。尽管二者相差不明显,GPR-DIPM 整体预测效果略好于 GPR-TIPM,究其原因监测点的变形可能与其历史时刻的变形有着一定的关系。随着 p 的增加,GPR-DIPM 的计算效率远低于 GPR-TIPM,实际应用时如果二者的效果相差不大,优先选用 GPR-TIPM。

总之,GPR-TIPM 与 GPR-DIPM 应用相同的数据进行实验,二者对于短期预测效果比较理想。GPR-TIPM 仅以时间作为输入项,输入矩阵是时间矢量,而 GPR-DIPM 是以历史数据组成的 d 行 p 列矩阵,二者的接口一致,也容易实现。

7.3.3　边坡整变形趋势与稳定性分析

7.3.3.1　边坡整体变形趋势分析

选择二号井边坡共 63 个监测点的平面坐标和累积垂直位移数据,按照图 7-21所示的流程分别以三维累积位移量构建 4 月 30 日、5 月 31 日、6 月 30 日、7 月 31 日的变形趋势面模型,输出二维可视化图形,结果如图 7-22 所示。

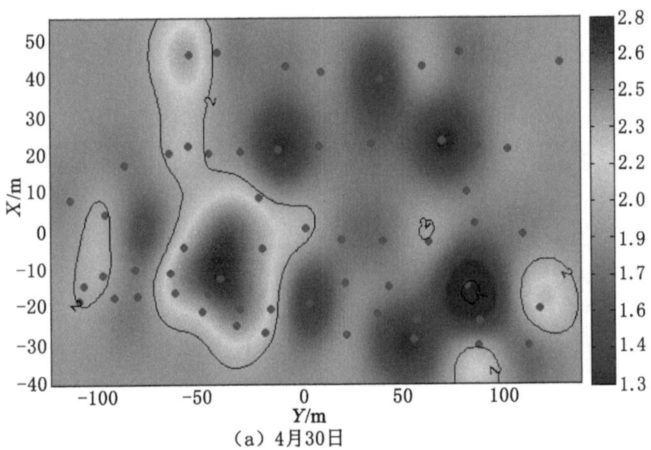

(a) 4月30日

图 7-22　四个月的变形趋势面模型

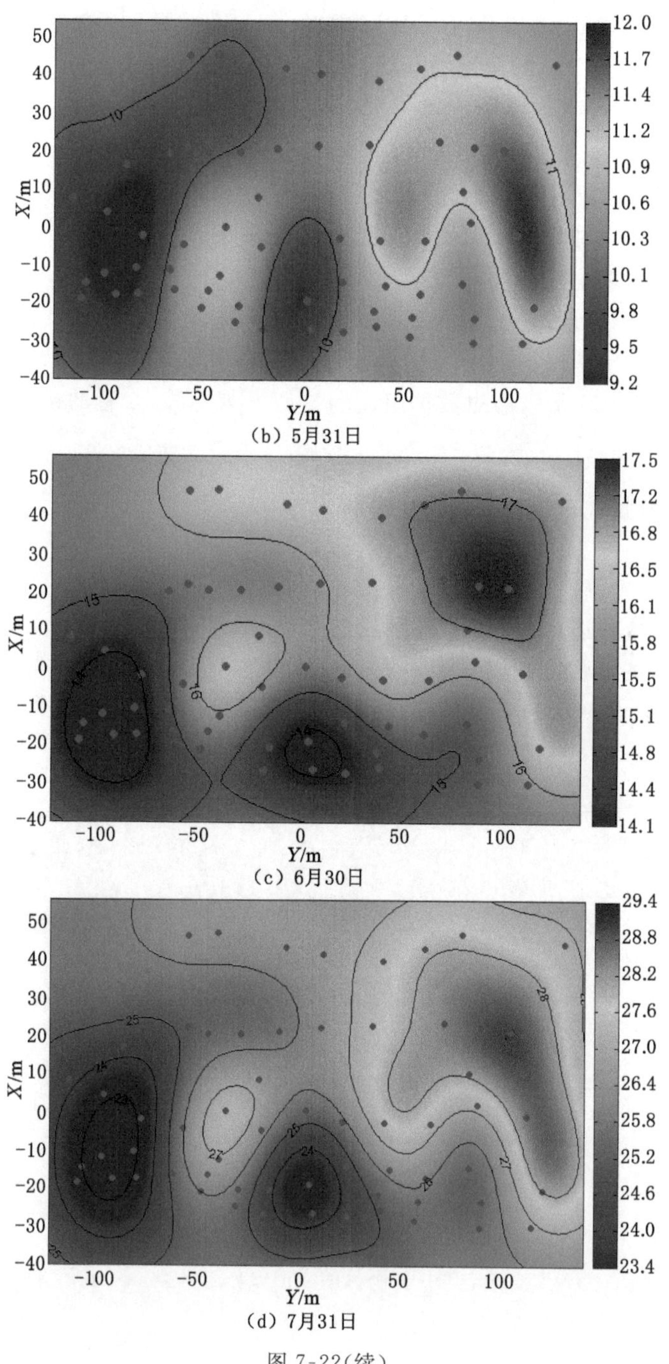

（b）5月31日

（c）6月30日

（d）7月31日

图 7-22(续)

图 7-22 中的(a)、(b)、(c)、(d)分别是在不同时间点构建的垂直位移趋势面模型。从各个图的总体变化上可以看出，4 月份边坡左侧小部分区域下沉量大于中间和右侧部分；4 月底到 5 月底边坡的最大沉降区从右侧迁移到左侧，表明左侧沉降变缓，右侧沉降加快；从 5 月底到 6 月底，边坡沉降整体上比较均匀，大约下沉了 5 mm，最大下沉区域向边坡上方略有平移；从 6 月底到 7 月底，边坡的变形趋势基本一致，大约下沉了 9 mm，最大下沉区域基本没发生迁移。

如果在时空上建立连续的动态趋势面模型，并以二维或三维可视化的形式进行动态模拟演示，由此来展示变形区域的时空演化过程，其计算量会加大，一般的 PC 机难以承受；苦于计算机计算能力的制约以及精密可视化动态模拟方法的限制，笔者在这方面未做进一步的研究。

GPR 能输出格网点变形估计值的验后方差，验后方差可以用来表示 GPR 预测输出不确定性，因此可以用变形区域格网点的验后方差分布图来表达整个趋势面的误差分布情况，从整体上衡量变形趋势面模型的精度。

图 7-23 所示分别是四个时间点的趋势面的误差分布图，从图中可以看出每个变形趋势面的误差分布基本一致。监测区下方的误差要小一些，精度显然要高于上方，主要是因为下方区域监测点分布密集，由此想到可以利用误差分布图为变形区域哪些位置需要进一步的增加监测点提供参考依据。

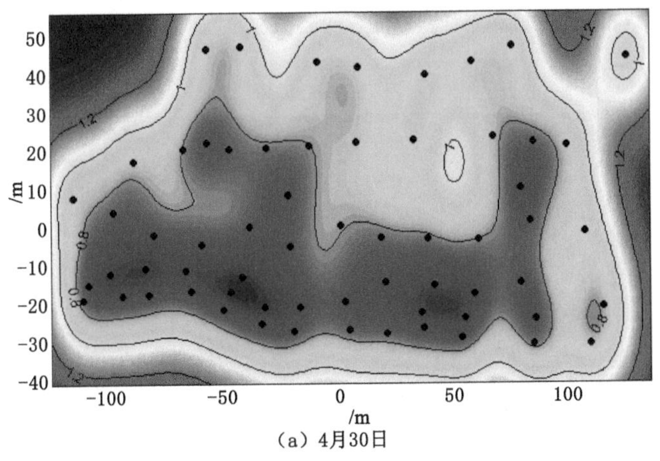

(a) 4月30日

图 7-23　四个月的变形趋势面模型误差分布

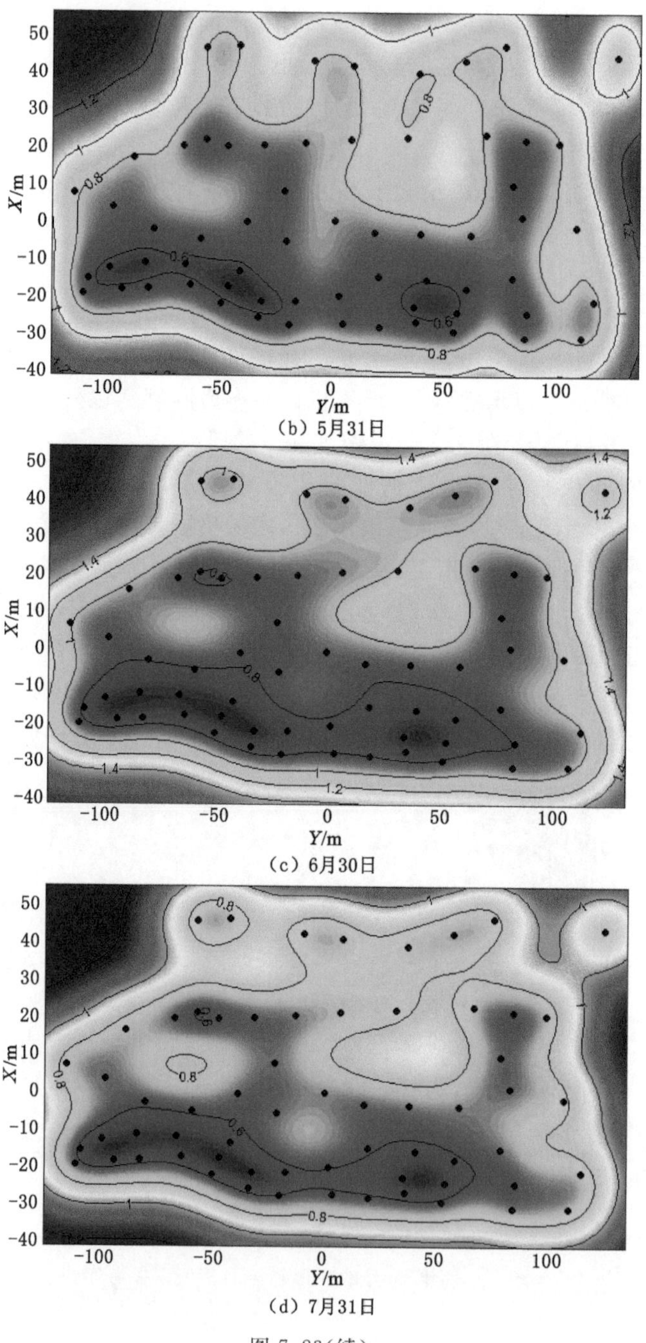

(b) 5月31日

(c) 6月30日

(d) 7月31日

图 7-23(续)

7.3.3.2 边坡局部稳定性分析

实验选用二号井边坡连续 4 天的监测数据对其局部稳定性进行识别和分析，根据式(5-5)计算了二号井边坡 6 月 1 日到 6 月 4 日连续 4 天的 λ，其中 6 月 1 日监测点的 λ 和分类结果见表 7-5，并用 FSE 提取 λ 的离群值，GPC 分类标志用 ± 1 表示，表中加粗项为 FSE 提取结果。格网间距设置为 2.5 m，协方差函数选择 SE 模型，用 Laplace 近似法求解后验概率分布。

表 7-5 二号井边坡 6 月 1 日监测点的 λ 和分类结果

点名	Px/m	Py/m	λ	标志	点名	Px/m	Py/m	λ	标志
C1-01	684.672	774.826	1.988	−1	C3-07	594.340	771.627	−3.686	−1
C1-02	672.353	782.813	2.750	−1	C3-08	576.509	781.736	−3.696	−1
C1-03	641.405	796.728	0.115	−1	C3-09	557.165	793.062	0.648	−1
C1-04	625.303	804.466	−1.139	−1	C3-10	539.825	808.918	−5.395	1
C1-05	599.169	817.790	−0.705	−1	C3-11	517.706	818.614	−1.987	−1
C1-06	583.118	831.138	0.279	−1	C3-12	645.351	744.688	−0.563	−1
C1-07	569.425	843.635	2.947	−1	C3-13	635.143	760.212	−4.436	1
C2-01	716.450	711.683	−0.189	−1	C3-14	547.686	814.024	−0.545	−1
C2-02	697.820	733.246	−1.606	−1	C4-01	699.117	695.669	−0.292	−1
C2-03	680.191	747.292	0.219	−1	C4-02	692.146	702.895	0.658	−1
C2-04	662.978	757.661	−0.672	−1	C4-03	679.167	712.382	−1.759	−1
C2-05	649.208	765.960	0.907	−1	C4-04	663.673	720.789	−1.621	−1
C2-06	633.371	776.187	0.564	−1	C4-05	644.008	725.781	−4.712	1
C2-07	616.223	787.369	0.919	−1	C4-06	629.094	730.075	−1.229	−1
C2-08	594.776	800.570	−3.071	−1	C4-07	615.692	737.992	−6.631	1
C2-10	564.925	819.206	−0.592	−1	C4-08	599.746	749.191	2.200	−1
C2-11	548.975	827.011	−1.110	−1	C4-09	587.119	762.499	−3.224	−1
C2-12	535.684	833.952	−3.206	−1	C4-10	568.017	772.731	−2.529	−1
C2-13	524.620	866.982	−0.444	−1	C4-11	551.514	779.752	−6.199	1
C3-01	699.372	717.478	0.617	−1	C4-12	535.265	792.674	−8.968	1
C3-02	680.454	721.523	0.449	−1	C4-13	569.382	763.849	−5.043	1
C3-03	660.997	730.151	−2.293	−1	C4-14	551.847	772.335	−4.311	1
C3-04	641.381	732.135	−2.805	−1	C4-15	524.956	788.075	−6.975	1
C3-05	627.300	749.569	−3.607	−1	C4-16	500.758	806.024	−10.497	1
C3-06	611.311	765.132	1.495	−1	—	—	—	—	—

在 MATLAB 的支持下按照图 5-6 所示的计算流程编写计算程序，由 GPC 输出格网点的 λ 的概率估计值，概率估计值为 0.5 的连线为相对稳定区域和相对不稳定区域的边界线。图 7-24 所示是实验结果的二维可视化图形，图中的红色区域表示相对不稳定区域，蓝色区域表示相对稳定区域，绿色的点包括不稳定点和极不稳定点。从图中可以看出，6 月 1 日和 6 月 2 日二号井边坡的右下方为相对不稳定区域，6 月 3 日和 6 月 4 日边坡的相对不稳定区域迁移到右上方。

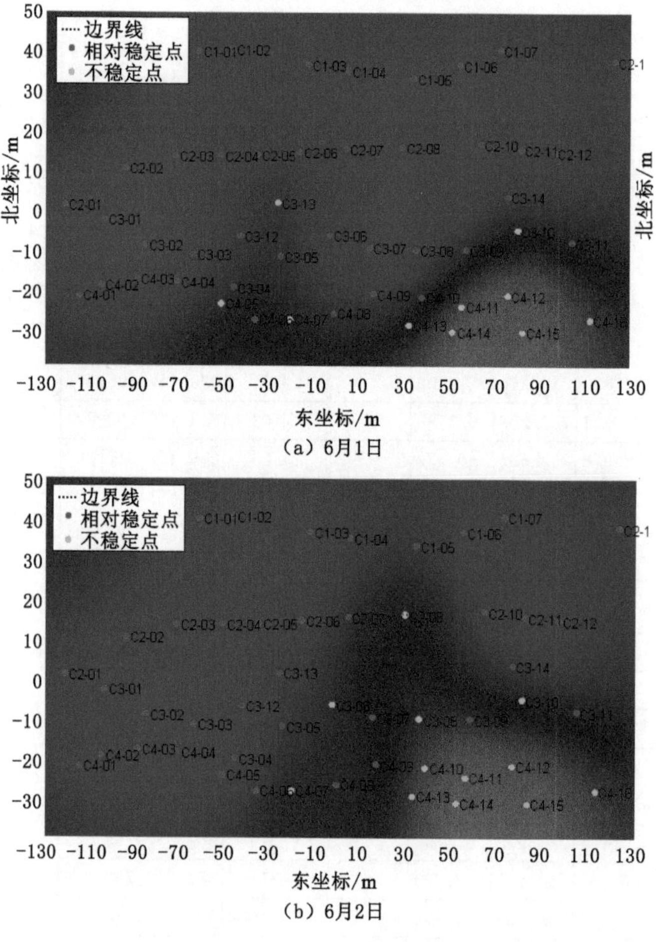

(a) 6月1日

(b) 6月2日

图 7-24　二号井边坡 GPC 局部稳定性分析结果

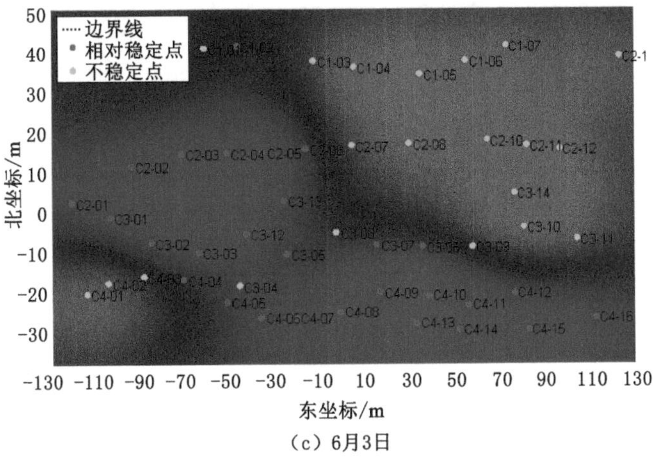

(c) 6月3日

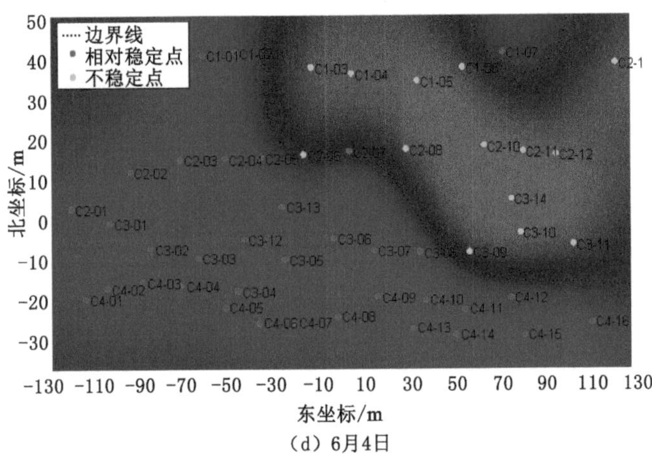

(d) 6月4日

图 7-24(续)

从图 7-24 中可以看出,并不是所有不稳定点都位于不稳定区域内,相反也有稳定点位于不稳定区域内,但大多数不稳定点位于不稳定区域内,侧面说明联合分析所有监测点时进行局部稳定性分析的意义所在。

需要强调的是,只有当 λ 表现出离群现象时,才能划分出局部相对不稳定区域。特殊的是,用 GPC 仅能划分出相对稳定区域(λ 没有发生离群现象,仅有蓝色区域),而所有监测点整体呈现出不稳定状态时(表现为不稳定和极不稳定,监测点为绿色),表明变形区域整体上相对于上一个 Δt 发生了较大的变形。

7.4 本章小结

本章以矿山边坡 GeoRobot 自动化监测系统为应用背景，基于三维位移的特征标量和三维位移特征矢量，分析了矿山边坡时空位移特征；选用不同的训练样本集和核函数，应用 GPR-TIPM 进行时空序列动态分析和单点预测。应用 GPR 时空插值方法建立动态形变场模型从整体上分析矿山边坡变形趋势；应用 GPC 局部稳定性分析方法分析矿山边坡变形的时空演化规律。

第 8 章　GP 智能变形分析方法在输煤栈桥变形监测中的应用

8.1　概述

输煤栈桥是电厂、煤矿生产建设中主要的钢结构构筑物，钢结构具有材料强度高、质量轻、施工方便等优点。用于支撑栈桥的基础塔架是输煤栈桥最为重要的基础结构[152]，在风荷载作用下容易发生整体倾斜扭曲变形，会破坏原有的应力平衡，造成结构断裂，严重时会倒塌，生产中已有输煤栈桥钢结构坍塌引发的安全事故[153]。实践证明，应用变形监测技术监测构筑物的变形状态是防止此类事故发生的有效手段。

输煤栈桥塔架变形监测属于塔杆类构筑物的结构健康监测，监测重点为塔杆的倾斜姿态[154]，监测方法普遍应用 GNSS、自动全站仪、三维激光扫描、几何水准等大地测量技术测量其沉降和位移的变化来反映塔杆的倾斜姿态[155-158]。廖继彪等应用全站仪通过现场测量，由几何关系计算塔筒倾斜量[7]。蔺小虎应用三维激光扫描技术监测输煤栈桥的整体倾斜，通过提取断面中心点坐标进而计算塔架的倾斜量。大地测量设备的优点是监测精度高，但设备昂贵，通常需要人工现场操作和事后数据处理，分析塔架的倾斜姿态，塔架监测的实时性较低。

8.2　输煤栈桥变形监测

8.2.1　监测对象简介

蒙泰不连沟煤矿是华电煤业集团有限公司自主开发建设的现代化大型矿井，由华电蒙泰不连沟煤业有限责任公司管理，矿井产能 15 Mt/a。煤矿位于内蒙古准格尔煤田北部，内蒙古鄂尔多斯市准格尔旗大路镇（东经 111.34°，北纬 40°)附近,区域内平均海拔约 1 200 m,煤矿北距呼和浩特市约 95 km,东距离托克托电厂约 30 km,西距鄂尔多斯市 150 km,距准格尔旗首府薛家湾镇约 25 km,可由呼大公路直达,交通便利。

不连沟矿区属典型中温带大陆性半干旱气候,四季分明,无霜期较长,日照充足。受季风影响,冬春季多偏西风;夏秋季多西南风,冬季漫长而寒冷,春季气温起伏变化较大,多风少雨,夏季炎热短暂雨水集中,年均降水量 392.8 mm,易发生局部性短时强降水、冰雹、大风等强对流天气,并诱发洪涝灾害;秋季气温迅速下降,气候凉爽。年平均气温 6.8 ℃,一月份气温最低,月平均气温零下 10.6 ℃,极端最低气温−30.9 ℃;七月份气温最高,月平均气温 23.4 ℃,昼夜温差较大,累年夏季平均日较差 12.2 ℃,冬季平均日较差14.4 ℃。

输煤皮带栈桥是现代化生产矿井重要的基础设施,承担着每日数万吨计的井下原煤输出任务。

不连沟煤矿主井口至煤仓的皮带输煤栈桥(以下简称输煤栈桥),全长约 1 200 m,支撑运输皮带栈桥的塔架有 39 个,塔架高 3～65 m,呈斜坡式分布。塔架为钢结构构筑物,基础由钢筋混凝土浇筑而成,基础的宽度约为 11 m。图 8-1 所示为输煤栈桥的整体外貌。输煤栈桥在开采期间承担着数以万吨煤炭的运输工作,部分塔架已经产生了变形及倾斜问题,严重影响输煤栈桥的安全性。

图 8-1　不连沟煤矿输煤栈桥的整体外貌

依据输煤栈桥的走向和分布,输煤栈桥监测的目标由两部分组成。

监测目标(1):不连沟煤矿主斜井口至洗煤厂煤仓主运输皮带栈桥。该运输皮带栈桥位于蒙泰不连沟煤矿工业广场西侧,主斜井至洗煤厂煤仓之间,自南向北延伸,栈桥全长约 1 000 m,平均高程约 1 190 m,共有运输皮带塔架 31 架,其中四脚架 15 架,两脚架 16 架,自北向南塔架编号为 T1-T31。主皮带栈桥建成于 2008 年,使用年限>15 年。主运煤皮带栈桥塔架沿皮带延伸方向呈线性起伏式分布,塔体为钢结构构筑物,基础由钢筋混凝土浇筑而成,塔体高在 3～65 m 之间。

监测目标(2):不连沟煤矿选煤厂内部运输皮带栈桥。监测目标(2)位于选煤厂东部区域,由两部自西向东延伸平行排列的皮带栈桥组成,每部皮带栈桥均由 2 个两脚架和 2 个四脚架共计 4 个塔架式支撑体及皮带构成,栈桥体上部自西向东呈上升式斜坡状分布,须监测的塔架共有 8 架,塔架编号自西向东分别为:北侧皮带栈桥 T32-T35,南侧皮带栈桥 T35-T39。塔体、塔基的构成和主运输皮带相同,塔体均高在 50 m 以上。

输煤栈桥的监测内容只涉及高程类监测值(塔基沉降值),因而塔架基础沉降监测体系涉及三种类型的点,分别是高程基准点、工作基点和塔基沉降监测点。

基准点的作用是维持整个监测项目区的高程基准,为工作基点提供稳定的高程起算数据,项目共设置 J1、J2、J3、J10 等四个基准点,均匀分布在监测区外地基稳定的区域。

工作基点是监测点的高程起算点,设置于靠近监测区或监测区内地基坚实稳定的位置,项目共设置 J2、J3、J4、J5、J6、J7、J8、J9、J12、J13、J14、J15、J16、J17 等 14 个工作基点。其中,J15 号点为Ⅶ－1 区和Ⅶ－2 区共用工作基点,J2、J3 为基准点兼做工作基点,除Ⅶ-1 区和Ⅶ-2 区外,其他监测区均独立设置工作基点。

将两个监测目标共计 39 个塔架、116 个塔架架腿划分为 15 个监测区,每个监测区由一个工作基点及 1～4 个皮带栈桥塔架构成,监测区及工作基点分布情况如图 8-2 所示。

8.2.2 自动化实时传感网监测系统

不连沟煤矿建立多传感器集成的地学传感网系统实现皮带运输塔的自动化、智能化实时监测(详见第 10 章)。

8.2.2.1 监测传感器

综合分析运输皮带的自身结构、载荷、运行环境特点,以及塔基地质基础等因素可知,影响运输皮带的主要变形为塔基的垂直位移(含均匀和不均匀沉降)及其引起的倾斜变形,因此运输皮带变形监测的监测内容为:① 运输皮带塔基的沉降位移及每个塔基的自身倾斜变形;② 运输皮带塔架整体的倾斜角度监测。

(1) 实时沉降监测

静力水准沉降观测系统作为一种高精密液位沉降自动化监测系统,具有

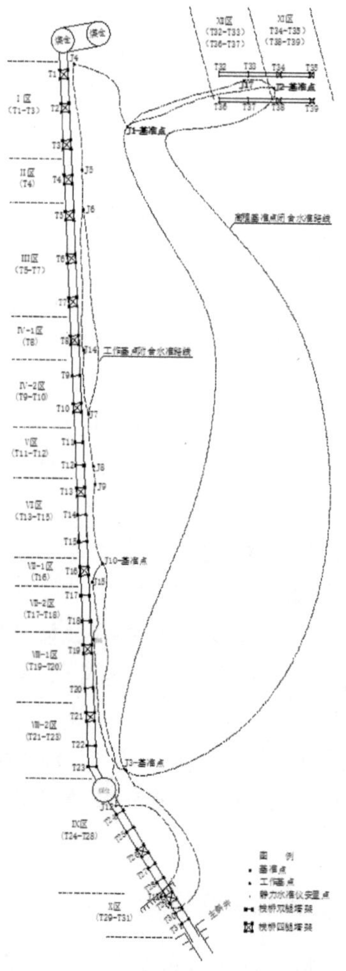

图 8-2 基准点、工作基点和监测点布置示意图

结构简单、精度高、稳定性好、无须通视等特点。系统依据连通管的原理,利用相连容器中静止液面在重力作用下保持同一水平这一特征来测量各监测点间的高差,再计算求得各观测点相对于工作基点的沉降量,与工作基点相比较即可得观测点的绝对沉降量。

沉降监测所用到的传感器即为自动静力水准仪,在性能上要求传感器具有分辨率高、稳定性好、性能可靠、响应速度快、输出数字量信号,本项目应用集数据自动采集和发送、温度测量和供电一体化的智能型静力水准仪。

静力水准仪主要有液位式静力水准仪和压差式静力水准仪。液位式静力水准仪是通过测量每个测点液位变化的高度来计算沉降的，其优点是液位式静力水准仪结构简单，液面变化直观，精度高。液位式静力水准仪的缺点是依靠液位变化来进行测量，因此体积较大，某些现场（如钢轨、道岔等结构件上）难以安装；液位式静力水准仪的量程不超过液体的高度，受液体的高度的限制，量程一般在 100～200 mm，很难做到大量程，适合在高差不超过 200 mm 的区域进行测量。

液位式静力水准仪因使用浮球，存在移动的部件，部件之间的摩擦力导致较小的位移难以反映，由于需要液体流动静置后测量液体的高度导致测量效率差。浮球体积较大，如果温度变化较大，浮子内部空气的体积变化将导致浮力变化，带来较大的系统误差。因此适合在相同的气温下做数据的对比。在昼夜温变较为剧烈的地方必须做防热、隔热处理，同时避免太阳照射造成的液体蒸发、气泡等带来的影响。另外，产生磁场和电磁波需要较大的电流，通常需要外接电源，容易受雷电影响，造成传感器损坏；由于是靠磁场变动来获取液位变动的，因此抗电磁干扰能力较弱。

随着精密微型传感器和芯片技术的发展，传感器具有体积小、智能化、容易与 MCU 集成等优点，如扩散硅、MEMS 高精度传感器在数字压差静力水准仪中得到应用，测量精度和性能比早期有了显著提高，结合物联网和互联网技术可实时远程监测。由于压差式静力水准仪的优点明显，将代替体积笨重的其他静力水准仪，是自动沉降监测的主流技术。

图 8-3 所示是无线静力水准仪的内部结构及封装成品，图 8-4 所示是无线静力水准仪的安装效果。

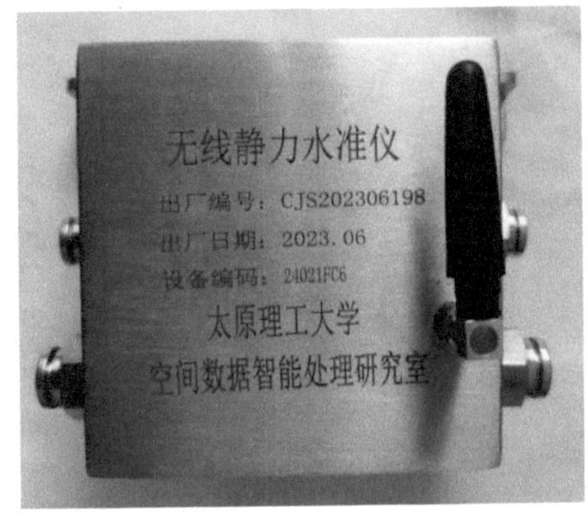

图 8-3　无线静力水准仪内部结构及封装成品

图 8-4　无线静力水准仪安装效果

(2) 实时倾斜监测

塔基的基础沉降不均匀会导致基础倾斜，实时监测运输皮带塔基的基础倾斜是另一项重要内容。基础倾斜的倾斜角度可应用智能沉降仪在监测点获取的高差变化量算出；另外，塔架的上部结构也可能发生局部倾斜，应用倾斜传感器安装在塔架的顶端，实时监测上部结构倾斜。

上部结构倾斜监测所使用的传感器称为智能倾斜仪或智能倾角仪。智能倾斜仪可布设为一个独立的测量单元工作，亦可多支连线布设测出被测结构物的各段倾斜量。当发生倾斜变化时，倾斜角度与输出的电量呈对应关系，即可测出被测结构物的倾斜角度，同时它的测量值可显示出以零点为基准值的倾斜角。自动倾斜仪要求为不锈钢结构，坚固耐用，抗冲击，防雷，耐高温，防水，测值稳定。测量精度达 0.01°；配合无线通信模块，数据自动发送，实现全天候实时监测。智能倾斜仪与智能静力水准仪相互结合，互相检验，确保倾斜监测可靠。

无线倾角仪采用 ADXL355 的三轴加速度传感器测量监测对象的倾斜姿态，三轴加速度传感器可同时测量全方位、全摆幅的问题，内部由三个正交的敏感轴构成，利用某个敏感轴的输出与另外两轴输出计算反三角函数，实现倾角的测量。图 8-5 是三轴加速度测量物体倾斜姿态的示意图，传感器与被测物体固定后，设传感器初始位置的三轴方向为 X,Y 和 Z 构成三轴坐标系，当被测物体发生了倾斜，传感器的三轴也随之改变。

无线倾角实时测量系统由无线倾角仪和无线数据传输两个单元组成，其中无线倾角仪由三轴重力加速度计芯片和无线发射芯片集成到 MEMS 模块中，连同供电电池一并封装形成一个独立的无线倾角测量单元，如图 8-6、图 8-7所示。无线数据传输由 RF433 射频将观测数据发送给 4G 无线网关，

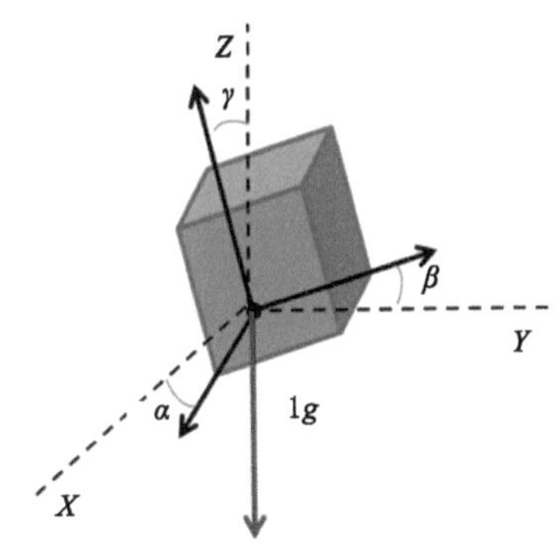

图 8-5　三轴加速度测量物体倾斜姿态示意图

4G 无线网关将接收到的观测数据发送给远程服务器。

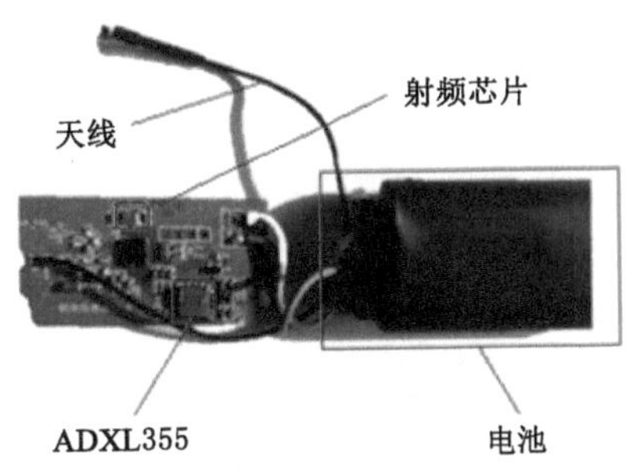

图 8-6　无线倾角仪内部构造

图 8-7　封装后的无线倾角仪

(3) 无线数据采集系统

综合考虑无线倾角仪发送的数据量、功耗、传送距离、成本和应用场景等因素,近距离无线传输和接收数据采用 RF433 射频技术。RF433 射频通信技术是一种简单而成熟的无线通信技术,具备超低功耗、高性价比等优点[20]。RF433 收发器模块需要发射器和接收器来发送和接收数据。发送器将数字信号转换为射频信号并通过无线信道发送,接收器将接收到的射频信号转换为数字信号并输出给 4G 模块发送到服务器。

传感器无线参数包括:中心频率为 433.62 MHz,波特率为 5 Kbps,带宽为 50 kHz,发射功率为 20 dBm,采用 GSFK 方式调制。分别在 MEMS 模块和 4G 模块集成 FR433 发射和接收芯片组成发送端和接收端。为保障数据传输质量稳定可靠,用 CRC16 校验码进行数据校验。CRC16 是数据通信领域中最常用的一种差错校验码,特别适用于小数据块的完整性验证,其特征是信息字段和校验字段的长度可以任意选定。

由于电容式加速度计和射频发射的功耗低，采用 2 000 mA·h 电池作为电源。间隔 2.5 min 采集一次数据，经测算发送一次数据耗电约 3×10^{-6} mA·h，2 000 mA·h 电池理论上可使用 4～5 年。

RF433 射频可在短距离范围内完成数据的发送与接收，最终的监测数据需要传输到服务器，需要远程无线传输，目前主流技术是应用基于 4G LTE 协议的 4G 模块数据通过无线网络传输到远程的服务器。4G 模块具有通信速度快、网络频谱宽、通信灵活等特点。考虑到倾角监测的应用场景和数据量，采用 4G CAT.1 实现远程数据传输，其特点是将射频接收器集成在 4G 模块的印制电路板中，单独负责无线接收，经过 4G 网络将数据分组打包，然后通过无线信道发送到目标服务器。4G 模块的供电采用太阳能电池板(25 cm×35 cm)为 5 V 锂电池供电，即使不存电，5 V 锂电池能够保障连续 7 天的数据采集消耗。图 8-8 所示为 4G 无线网关成品的外观示意图，在线实时监测系统的数据传输模式如图 8-9 所示。

图 8-8　4G 无线网关成品外观

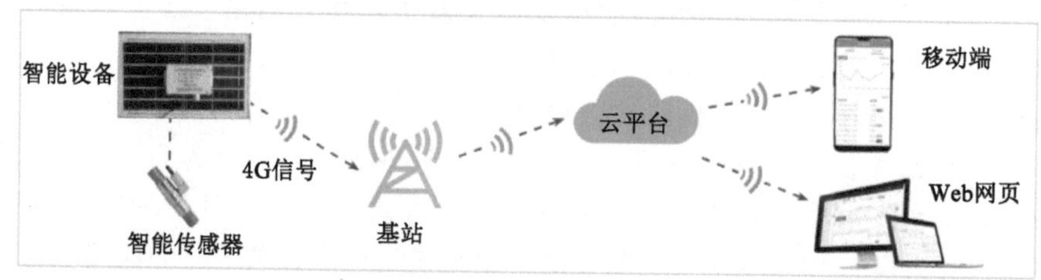

图 8-9　在线实时监测系统的数据传输模式

8.3　监测结果与分析

不连沟煤矿建立多传感器集成的地学传感网系统实现皮带运输塔的自动化、智能化实时监测。前端监测系统由127个无线静力水准仪和70个无线三轴倾角仪及少量应力应变仪三种传感器组成，传感器同时还能采集环境温度。各传感器每隔2.5 min采集一个数据，然后通过4G网关将实时监测数据发送到服务器，在服务器上部署了基于B/S(浏览器/服务器)架构的实时监测云平台(详见第10章)进行分析，云平台集成了GPR在线数据回归分析算法，受GPR计算分析的影响，实时监测结果与分析结果不能完全同步，但基本上实现了近实时在线分析，保障了输煤栈桥监测数据分析的(近)实时性和分析结果的可靠性，当监测分析结果超出相关阈值时，发送预警信息。

8.3.1　倾角监测

每个塔架对称安装2个无线倾角仪，总计70个无线倾角仪，每个区安装1个4G网关，总计12个4G网关。无线倾角仪和4G网关组成无线倾角监测系统。将无线倾角仪固定在安装支架上，然后将支架焊接到距离皮带走廊顶部1 m左右的主体钢柱上，图8-10所示为4G网关与无线倾角仪的安装现场，其目的是既可监测塔架在皮带运行方向的弯曲变化(纵向弯曲)，也可监测塔架基础沉降不均而产生的倾斜(横向倾斜)。

图8-10　4G网关与无线倾角仪安装现场

在无线倾角仪上设定如图 8-5 所示的三轴坐标系，当 X 轴和 Z 轴产生倾斜，Y 轴不变，表明塔架发生了纵向弯曲；弯曲方向由 X 轴的符号决定，即 X 绕 Y 轴顺时针旋转为正，表明塔架向皮带运行方向上发生了弯曲；当 Y 轴和 Z 轴产生了倾斜，X 轴不变，表明塔架发生了横向倾斜，倾斜方向由 Y 轴的符号决定，Y 绕 X 顺时针旋转为正。由此可见，通过在软件平台上显示 X，Y 和 Z 轴的大小和符号，即可判断塔架发生倾斜的姿态。

8.3.2 倾角监测结果分析

不同于静态环境下的测量，皮带运输过程中有强烈的震颤，振动因素对数据采集产生很大影响，图 8-11 所示为某个塔架一天内的工作时间和检修时间(停运)三轴倾角监测的时间序列对照图。从第 220 min 到第 410 min 期间是皮带检修时间段，三轴倾角测量值的变化明显减小，绝大多数在 $-0.005°$～$0.005°$之间。从第 1 min 到第 230 min 和从第 420 min 到第 570 min 期间为运行时间段，受塔架震颤的影响，三轴倾角测量值的变化量比停运时显著增大，多数位于 $-0.02°$～$0.02°$区间，最大能达到 $0.04°$，由式(8-1)计算得三轴均方根误差为 $0.009°$，即无线倾角仪在震颤环境中的测角精度可达 $0.009°$。

$$\sigma = \sqrt{\frac{\sum_{i=1}^{n}(d_x^2 + d_y^2 + d_z^2)_i}{n-1}} \tag{8-1}$$

式中 d_x, d_y, d_z——倾角在 X 轴、Y 轴和 Z 轴的变化量；

n——测量个数。

尽管倾角传感器能有效补偿多种系统误差的影响，但外界产生的噪声不容忽视，仍需应用滤波和回归方法重建倾角传感器的输出，尽可能保证观测结果的可靠性。图 8-12 所示为应用 GPR 在线变形分析算法重构的累计倾角变化的回归曲线，可以看出，GPR 算法能够有效去除噪声的影响，X 轴和 Z 轴方向的倾角大小基本一致，符号相反，呈对称状，Y 轴方向的倾角变化很小，表明皮带塔架在皮带传输方向(纵向)上有一定的微倾，个别塔架发现纵向微倾最大可达$0.16°$，这种微倾是受皮带运输拉扯导致的，停运后能够回弹到正常状态，图 8-13 所示为某个塔架在纵向倾斜超过 $0.16°$后回弹到正常状态。根据建筑地基基础设计规范(GB 50007—2011)[25]和塔基的宽度，当塔架横向倾斜超过 $0.18°$时，云平台自动向管理员发送预警信息，保障皮带栈桥的稳定运行。

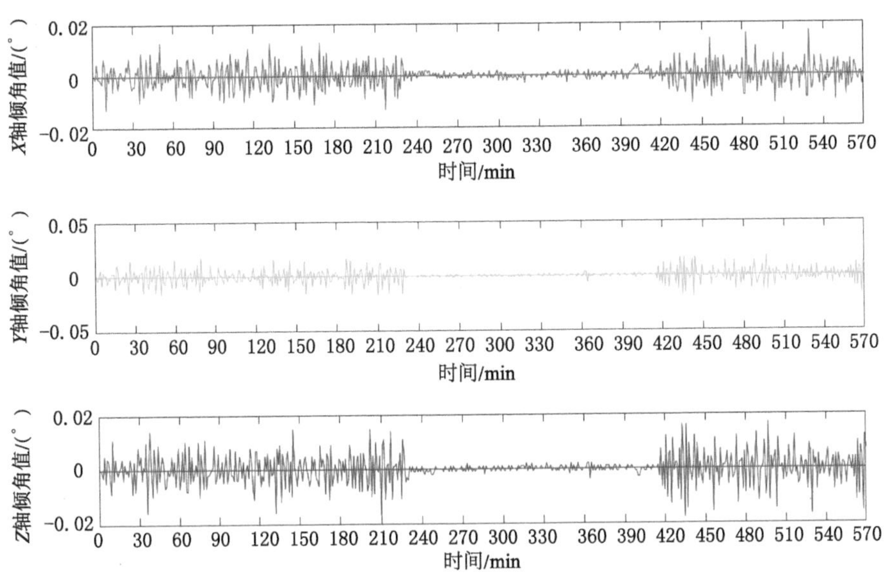

图 8-11　三轴倾角监测时间序列对照

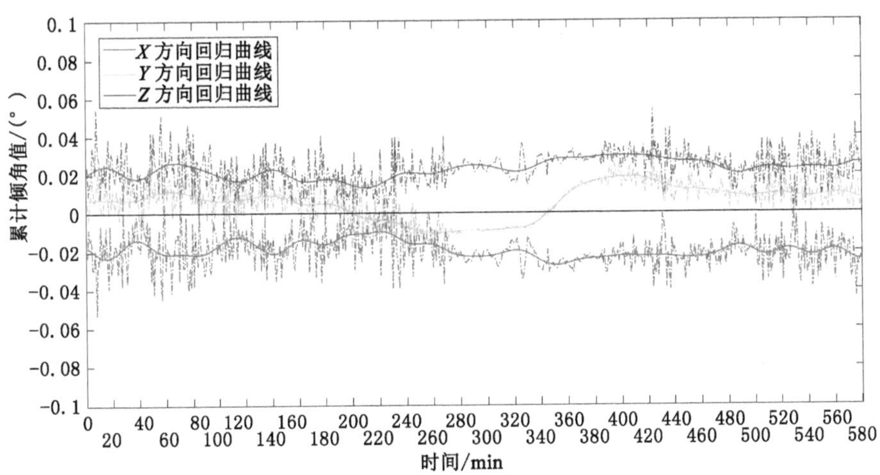

图 8-12　三轴倾角实时监测的 GPR-TIPM 回归曲线

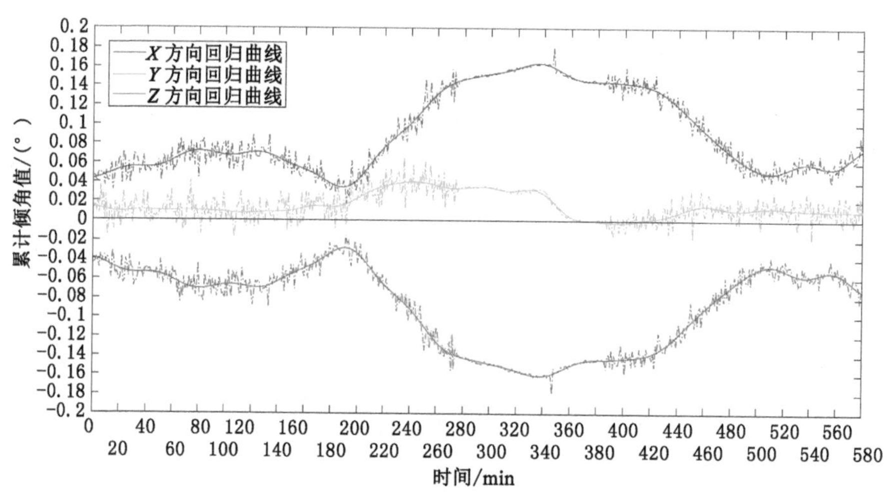

图 8-13　纵向倾斜回弹现象

8.3.3　沉降监测

无线静力水准仪安装在每个塔基的基础部分，包括工作基点上的无线静力水准仪总计 127 台，图 8-14 所示为无线静力水准仪安装的部位。

图 8-14　安装及封闭包裹后的无线静力水准仪

不连沟煤矿皮带栈桥监测网的观测数据是典型的时空序列数据，由于静力水准仪受温度的影响，其观测值随温度的变化呈现出明显的周期性特征。另外，塔架在运煤过程中有强烈的震颤，导致静力水准监测值有 ±5 mm 的波动扰动，温度效应和震颤扰动叠加在一呈现出非线性变形特征，图 8-15 所示为某一静力水准仪连续 3 000 个观测时刻的时间序列，表现出显著的周期性特征。

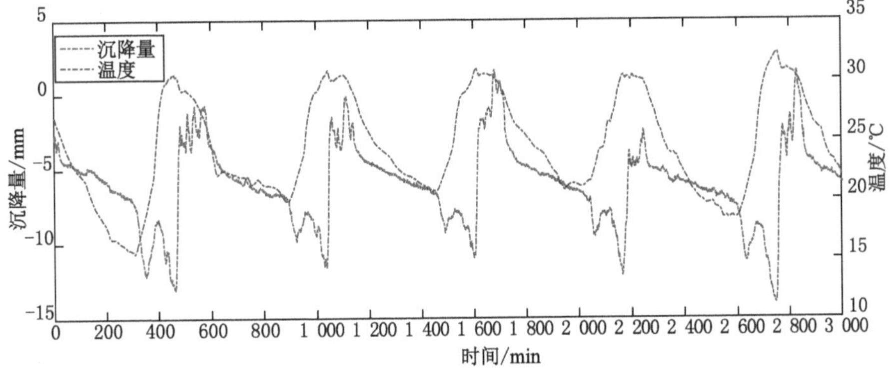

图 8-15　周期性特征时间序列

将震颤扰动和其他因素产生影响当作随机噪声，以时间和温度作为 GPR 的输入样本，应用第 7 章 GPR 在线智能分析算法最终确定的训练样本数量为 1 236 个，提取到的周期约为 605 min，自适应生成 SE＋PER 的核组合进行在线拟合，结果如图 8-16 所示，拟合后的时间序列的周期性得以保留，从图 8-17 的局部放大（截取自图 8-16）可以看出震颤引起的波动效应被过滤去除。

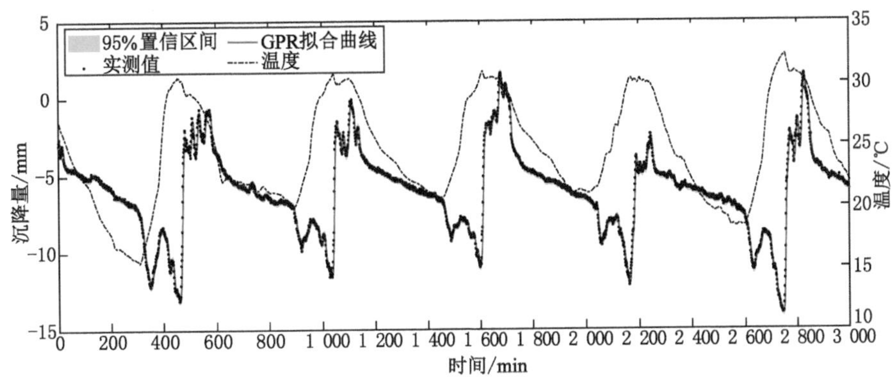

图 8-16　GPR 在线拟合结果

图 8-18 所示为 1 天内某个监测点的时间序列，在 260～400 区间内，温度引发的波动在－1～1 mm 间变化时应用 GPR-TIPM 模型进行的滤波回归，从整体上可以看出，将震颤和由温度引起的波动效应能够较好地过滤掉。

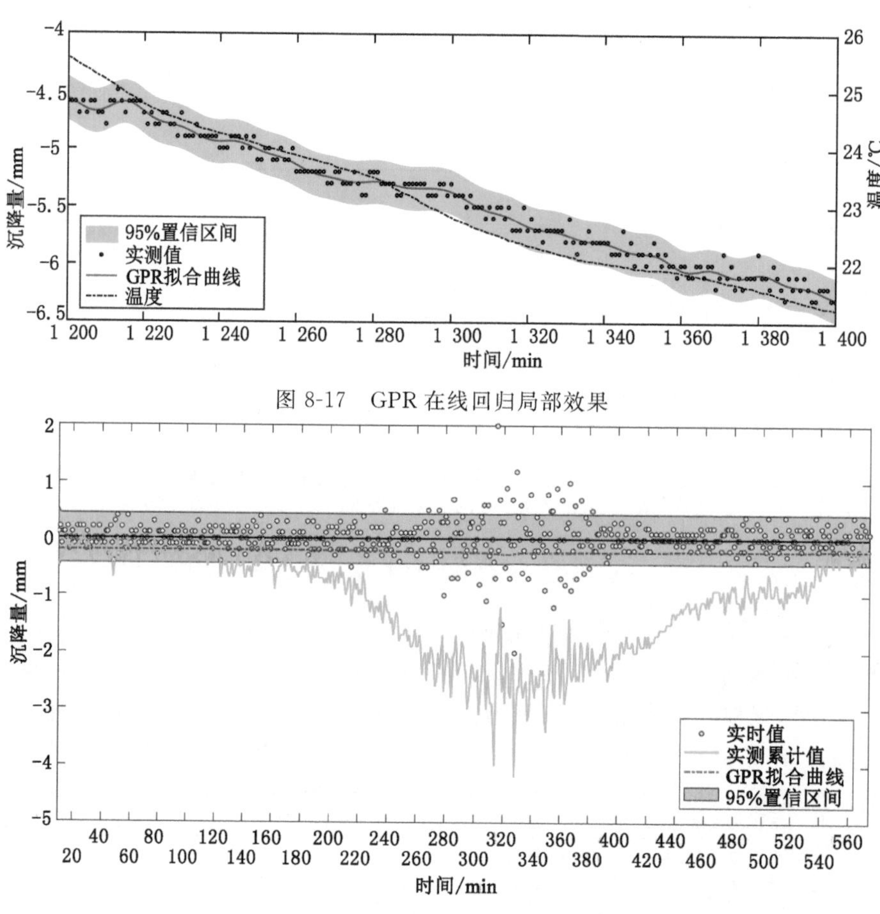

图 8-17　GPR 在线回归局部效果

图 8-18　1 天内某个监测点的 GPR-TIPM 拟合效果

8.4　本章小结

不连沟煤矿建立的多传感器集成的自动化、智能化实时监测系统由无线静力水准仪、无线三轴倾角仪、应力应变仪及温度传感器等传感集成，通过无线传输技术(近)实时采集不连沟煤矿皮带运输塔的监测数据，属于典型的时空序列数据，受温度和外界环境的影响呈现出复杂的时空变形特征。

本章应用 GPR 在线处理算法自主生成与变形特征相适应的核函数重建静力水准和倾角监测的输出，保留了由温度影响的周期性特征，过滤了震颤引起的波动效应，验证了 GPR 在线变线智能分析和预测的可行性。

第 9 章　GP 插值模型在时空插值中的应用

9.1　概述

本章以空气质量数据、变形监测数据与水质监测数据为实验数据，共进行了三个实验。其中主要通过空气质量数据对第 4 章所述 GPR 时间插值方法、各向异性空间插值方法及 MOGP 时空插值方法进行验证，变形监测数据与水质监测数据则主要对 MOGP 插值算法与普通插值算法进行比较，以验证 GPR 插值模型的可行性和有效性。

实验除前文所提方法外，还使用了灰色预测模型、IDW 算法、支持向量回归等多种算法对实验数据进行了对比实验。所有实验均通过交叉验证法[159]对预测效果进行评价，其基本思想为：首先假设所选时空序列数据有 n 个已知点，之后将任一已知点 z_i 从时空序列中删除，使用剩余的样本建立模型预测删除的点 z_i；预测完成后将 z_i 放回数据中，再选其他的点进行插值预测，这样就能得到时空序列中每个点的预测值。之后计算预测值与观测值之间的残差，采用均方根误差（Root Mean Squared Error，RMSE）、平均绝对误差（Mean Absolute Error，MAE）、平均百分比误差（Mean Percentage Error，MPE）和拟合指数（Index of Agreement，IA）作为评价指标，其中 RMSE 和 MAE 用于衡量插值效果的有效性，能够反映观测值与预测值之间在数值上的偏差，其值越小表明预测效果越准确，IA 则反映了观测值与预测值之间的一致性，其计算公式分别为：

$$\mathrm{RMSE} = \sqrt{\frac{\sum_{i=1}^{n}(z_i - z_i^*)^2}{n}} \tag{9-1}$$

$$\mathrm{MAE} = \frac{\sum_{i=1}^{n}|z_i - z_i^*|}{n} \tag{9-2}$$

$$\mathrm{MPE} = \left(\frac{1}{n}\frac{\sum_{i=1}^{n}|z_i - z_i^*|}{z_i}\right) \times 100\% \tag{9-3}$$

$$\mathrm{IA} = 1 - \frac{\sum_{i=1}^{n}(z_i - z_i^*)^2}{\sum_{i=1}^{n}(|z_i^* - \overline{z_i}| + |z_i - \overline{z_i}|)^2} \tag{9-4}$$

9.2 空气污染物数据案例应用

近年来，随着环境问题的凸显，人们对于空气质量的关注度越来越高，我国从2013年开始，陆续向社会公开发布全国各大城市的实时空气质量数据，到目前为止全国已有将近1 800个城市环境质量监测点，积累了大量的空气污染物时空数据。空气污染物的变化原因十分复杂，一般来说与气象因素、风速风向、季节因素和人类活动等诸多因素有关，使其变化较为复杂且具有不确定性，从而产生了多种分析和预测方法。目前大部分研究均是针对空气污染物的分布进行分析与处理，由于空气污染物的时变性和空间差异性较强，很难对其进行时空联合分析，并且在考虑空间分布时，一般是对监测点进行空间插值处理，这种插值方法往往只是以监测点的地理坐标作为自变量，而忽略了各向异性的存在，空气污染物的空间分布复杂，在每个方向上的关联度不能仅仅简单通过空间位置来判断。在数据分析中可以发现，多种空气污染物的时空变化常常具有一定的关联性。因此，本节通过分析空气污染物浓度数据的分布特征，对其时间序列特征与各向异性特征进行研究，并挑选$PM_{2.5}$浓度序列为主变量，分析其与多种空气污染物之间的依赖性关系，从而验证面向时空数据高斯过程模型的广泛适用性。

9.2.1 实验数据

实验采用北京市环境保护监测中心网发布的2020年北京市的空气质量数据，其中包括34个地面监测站的空气质量指数(AQI)，实测$PM_{2.5}$、PM_{10}、CO、NO_2的浓度监测时空序列数据，监测站点位于39.718°～40.453°N、115.972°～116.1°E之间，站点分布如图9-1所示。北京市地处华北平原的西北边缘，海拔高度10～55 m，地势呈现出西北高东南低的特点，其平均坡度为1‰～2‰，是典型的山前倾斜平原地形，其四环路内为中心城区，高楼较多，空气的流通方向明显受到限制。其气候为温暖带半湿润大陆性季风气候，夏天炎热多雨，多刮东南风，冬季寒冷干燥，多刮西北风，降水季节分配很不均匀，夏季降水量占全年降水的 75%，空气污染物浓度的变化受风向与降水影响较大。

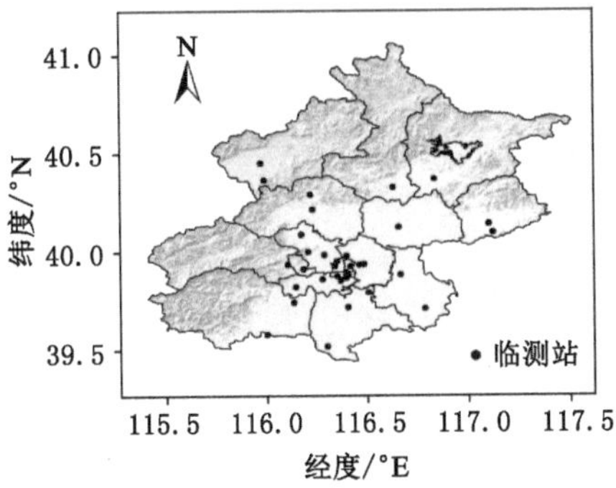

图 9-1　监测站分布图

图 9-2 给出了北京市东四监测站与万寿西宫监测站之间 $PM_{2.5}$ 浓度差值随时间变化的曲线图，其中东四监测站与万寿西宫监测站的夏季 $PM_{2.5}$ 浓度均值分别为 45.98 μg/m³ 与 41.87 μg/m³，秋季 $PM_{2.5}$ 浓度均值分别为 36.39 μg/m³ 与 33.68 μg/m³，其中夏秋两季浓度均值差值分别为 4.11 μg/m³ 与 3.71 μg/m³。由图 9-2 可以发现，两监测站的 $PM_{2.5}$ 浓度差值随时间的变化较为明显，虽然东四监测站的 $PM_{2.5}$ 浓度均值高于万寿西宫监测站，但从时间上来看二者的浓度高低在频繁交替，并且两者之间差值超过 50 μg/m³ 的天数也占有一定比例。由此可以得出，空气污染物浓度的空间差异性较为显著，并且会随着时间的推移而发生变化，在对其进行插值预测时需要考虑其时间与空间维度上表现出的不同变化规律。

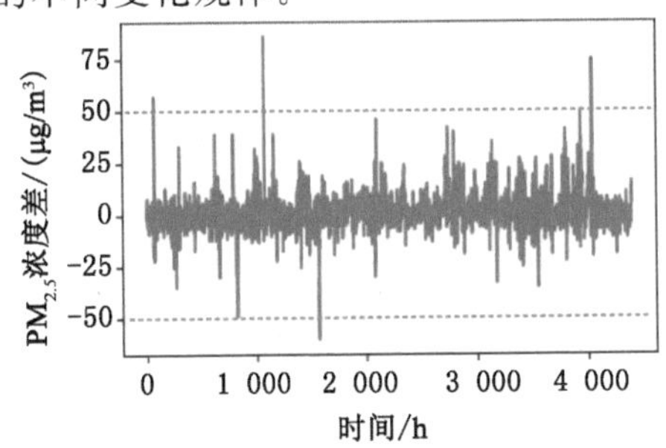

图 9-2　不同站点 $PM_{2.5}$ 浓度差值随时间变化图

9.2.2 基于组合协方差函数的 GPR 时间插值

实验采用北京市东四监测站 2020 年 8 月份的 $PM_{2.5}$ 浓度监测数据，首先对其进行 STL 分解，得到其分解的各分量如图 9-3 所示。由观察可知，该序列数据可由长期的趋势项分量、周期性分量和一个随机分量组成。其中数据中的周期性特征表现较为明显，且在小范围内波动，因此可初始化一个具有适中特征尺度参数的 PER 协方差函数模拟该数据中的周期性特征。数据中的趋势项表现出较为明显的波动现象，可用小特征尺度参数的 SE 协方差函数模拟数据中的这种长期波动趋势，最后，使用一个噪声分量对数据中的残差项进行模拟。最终得到的基于 STL 时间序列分解的组合协方差函数形式如式(9-5)所示，经由样本数据的训练后，对超参数进行智能寻优，即可得到各协方差函数成分中的最优超参数。

$$k(x,x') = \sigma_1^2 \exp\left(-\frac{r^2}{2l_1^2}\right) + \sigma_2^2 \exp\left(-\frac{2}{l_2^2}\sin^2\left(\frac{\pi r}{p}\right)\right) + \sigma_n^2 I_n \tag{9-5}$$

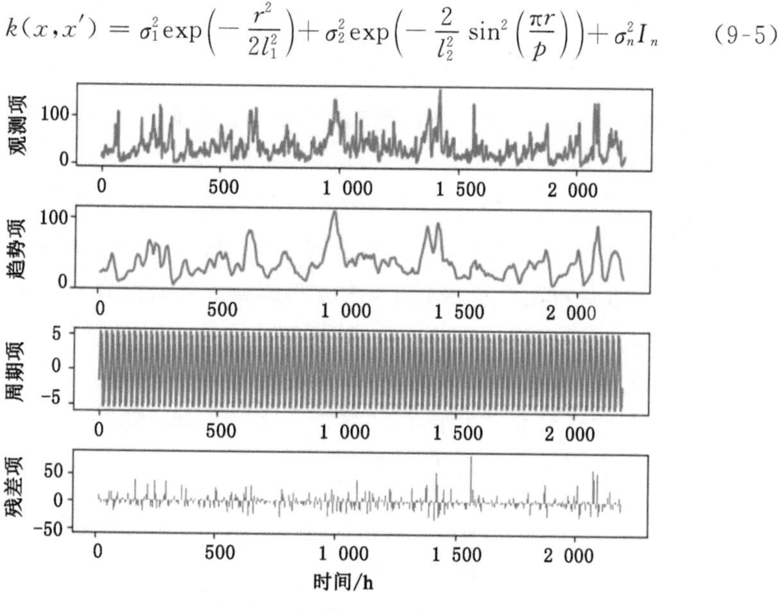

图 9-3　时间序列分解图

可以看出式(9-5)中组合协方差函数中共有 6 个超参数，采用不同的优化函数对其进行超参数智能寻优，将所有算法的超参数优化结果、验后方差及训练所用时间列于表 9-1。由表 9-1 可以看出，各最优方法均取得较为理想的效果，其中 BFGS、L-BFGS-B、GA 算法牺牲了一定求解效率，但取得了相对最优的目标函数值。

表 9-1　超参数寻优方法对比

	l_1	l_2	p	σ_1	σ_2	σ_n	func	times
BFGS	1.62	3.93	116.91	14.47	762.64	4.73	619.63	7.6S
SLSQP	1.68	9.02	20.28	15.54	799.98	4.78	622.07	1.5s
L-BFGS-B	1.62	3.92	117.07	14.47	782.17	4.73	619.63	6.9s
Powell	1.68	6.22	43.31	15.45	710.50	4.76	621.97	4.2s
GA	1.64	3.95	120.48	14.46	825.35	4.74	619.63	7.7s
COBYLA	1.68	5.09	51.39	15.64	799.08	4.78	622.73	5.2s

选取最优超参数对该数据序列的观测值进行插值预测，并选用 SE 协方差函数、Matérn5/2 协方差函数、RQ 协方差函数以及 PER 协方差函数与组合协方差函数进行预测精度比较，将计算出的精度指标与后验方差 σ 列于表 9-2。可以看到，相较于单个协方差函数，基于 STL 分解的组合式协方差函数具有更好的预测精度，并且后验方差相对更低，这是因为该协方差函数能够同时顾及序列数据的长期发展趋势与周期性规律，使其具有更高的可信度。

表 9-2　实验结果对比

	RMSE	MAE	IA	MPE	σ
SE	3.72	2.04	0.99	6.72%	12.11
RQ	3.67	1.99	0.99	6.56%	13.02
Matérn5/2	3.30	1.78	0.99	5.79%	22.93
PER	3.72	2.04	0.99	6.72%	12.11
组合核函数	3.29	1.77	0.99	5.96%	11.55

9.2.3　顾及各向异性的 GPR 空间插值

实验以 4.2 节所提各向异性协方差函数为基础对空气污染物浓度数据进行空间插值实验。在常规 GPR 空间插值建模时，首先计算训练集中两点之间的欧式距离 d_{ij}，将 d_{ij} 代入协方差函数得到代表两点的关联性程度的函数值 k_{ij}，之后由 k_{ij} 组建协方差矩阵，进而对待预测点进行插值估计。各向异性协方差矩阵的构建流程与之有所不同，首先是对不同监测站的时间序列数据进行相关性分析，得到其相关性系数矩阵 $\boldsymbol{r}_{\text{corr}}$：

$$\boldsymbol{r}_{\text{corr}} = \begin{bmatrix} \rho_{11} & \rho_{12} & \cdots & \rho_{1n} \\ \rho_{21} & \rho_{22} & \cdots & \rho_{2n} \\ \vdots & \vdots & \ddots & \vdots \\ \rho_{n1} & \rho_{n2} & \cdots & \rho_{nn} \end{bmatrix} \tag{9-6}$$

计算得到监测站的时间序列数据的相关性系数矩阵 $\boldsymbol{r}_{\text{corr}}$ 后，选用合适的协方差函数 $k(\cdot)$ 进行矩阵运算，即可直接得到协方差矩阵 $\boldsymbol{K}$：

$$\boldsymbol{K} = k(\boldsymbol{r}_{\text{corr}}) = \begin{bmatrix} k(\rho_{11}) & k(\rho_{12}) & \cdots & k(\rho_{1n}) \\ k(\rho_{21}) & k(\rho_{22}) & \cdots & k(\rho_{2n}) \\ \vdots & \vdots & \ddots & \vdots \\ k(\rho_{n1}) & k(\rho_{n2}) & \cdots & k(\rho_{nn}) \end{bmatrix} \tag{9-7}$$

选用 $PM_{2.5}$ 浓度序列数据为实验数据，首先计算各个监测站之间时间序列数据的相关性系数，之后以单个监测站为插值点，其余监测站作为训练样本，1 h 为一个插值周期，连续动态预测该测站一年的 $PM_{2.5}$ 浓度。经过数据预处理并删除缺失值后，用于实验总的数据个数为 88 815 个，其中用于插值的数据为 11 842 个。在实验中为顾及数据的空间分布特征，选择 SE 协方差函数进行建模。SE 协方差函数无穷可微，能够使得 GPR 预测较为平滑，通过训练得到的 SE 较小的特征长度尺度参数能适应 $PM_{2.5}$ 浓度数据的波动特征，对数据的局部变化有较好的适应性。

动态插值完成后采用交叉验证法对插值结果进行精度评价，并以实测值为竖轴、预测值为横轴作误差统计分布。图 9-4 所示为训练得到的东四监测站与通州监测站全年的各向异性插值模型预测值与实测值之间的散点图，可以看到各向异性预测值与实测值拟合的效果很好，绝大多数点都落在了直线附近。其中东四监测站的预测精度比通州监测站高，这是由于东四监测站位于主城区，其环境治理措施相对较为高效，而通州位于北京市下风向，且有工厂气体排放，污染较为严重，使得 $PM_{2.5}$ 浓度的标准差高于东四监测站，从而造成预测精度的下降。

将各向异性高斯过程回归(Anisotropic Gaussian Process Regression，A-GPR)插值整体交叉验证的评价指标列于表 9-3，并分别与反距离加权(Inverse Distance Weight，IDW)、支持向量回归(Support Vector Regression，SVR)、最近邻插值(Nearest)及常规 GPR 空间插值进行精度对比，可以看到在各个指标上各向异性插值模型都取得了较为良好的预测精度，相较于常规 GPR 空间插值，各向异性插值模型的平均百分比误差提高了 2.32%，表明顾及各向异性 GPR 模型在实际应用中具有较强的可靠性与有效性。

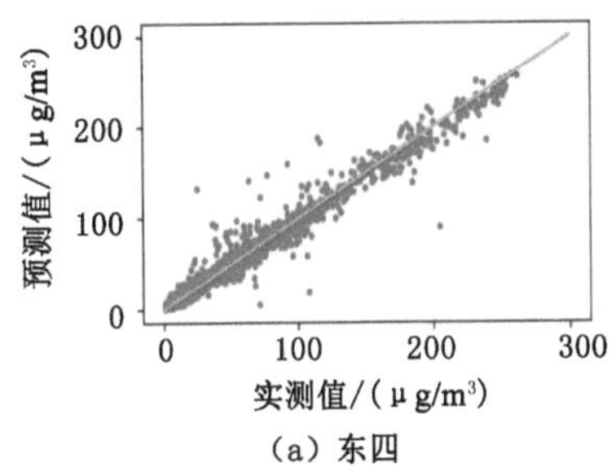

(a) 东四

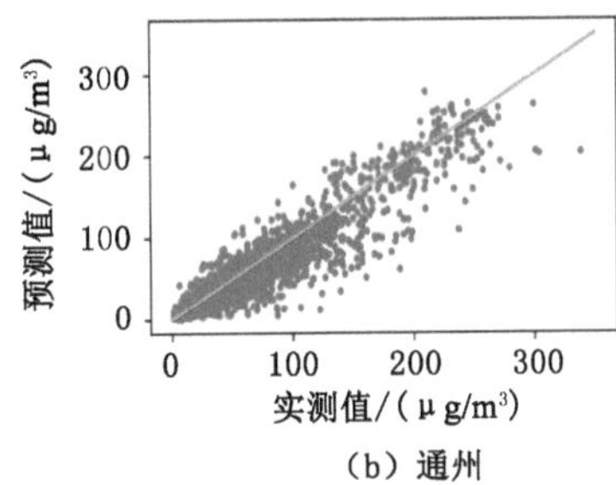

(b) 通州

图 9-4　两测站实测值与预测值对比图

表 9-3　实验结果对比

	RMSE	MAE	IA	MPE
IDW	5.77	3.77	0.99	16.67%
SVR	7.67	4.63	0.99	17.54%
Nearest	10.87	5.48	0.98	24.84%
GPR	6.84	4.28	0.99	17.68%
A-GPR	5.29	3.39	0.99	15.36%

9.2.4　多输出高斯过程插值模型

采用 4.3 节中所提 MOGP 时空模型对北京市夏秋两季的空气质量数据进行多输出案例分析。在进行多输出插值时，首先应保证参与建模的多种变量之间具有一定的关联性，为说明各空气污染物数据集中的时空序列数据之间存在较强的相关关系，实验开始时分别选取各污染物数据集的前十列数据，计算其互相关系数。由表 9-4 可以看出，各污染物时空序列数据之间的互相关系数均超过 0.6，表明它们之间具有较强的相关性。

表 9-4　各污染物数据之间的相关性系数

	AQI	$PM_{2.5}$	PM_{10}	CO	NO_2
AQI	1.00	0.75	0.98	0.78	0.63
$PM_{2.5}$	0.75	1.00	0.78	0.61	0.61
PM_{10}	0.98	0.78	1.00	0.78	0.66
CO	0.78	0.61	0.78	1.00	0.65
NO_2	0.63	0.61	0.66	0.65	1.00

在对某空气污染物的时空点进行插值时，以该污染物的时间与空间位置作为输入，并将其余污染物的时空序列数据作为多输出端口的相关因子加入建模，构建输入端与输出端的协方差矩阵。实验完成后以实测值为横轴、预测值为竖轴作误差统计分布图，如图 9-5 所示，可以看出模型的预测值与实测值拟合情况较好，绝大部分点都落在直线附近。此外，模型在训练集与测试集中呈现出的效果相当，说明模型未出现过拟合现象，由于测试集的数据并未参与建模过程，因此可以说明 MOGP 时空模型对于时空上未知点的待插值数据具有较好的预测能力。

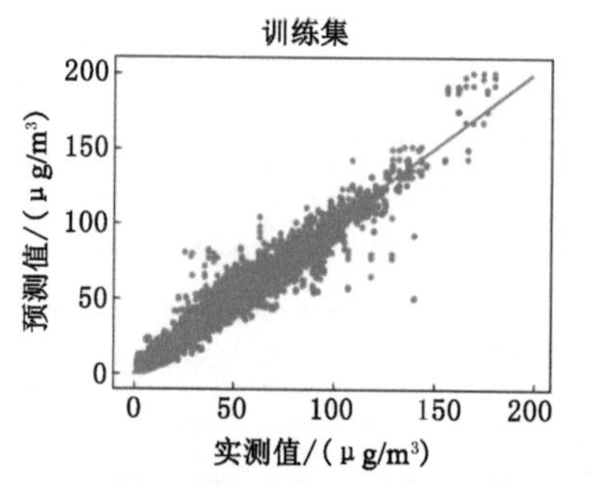

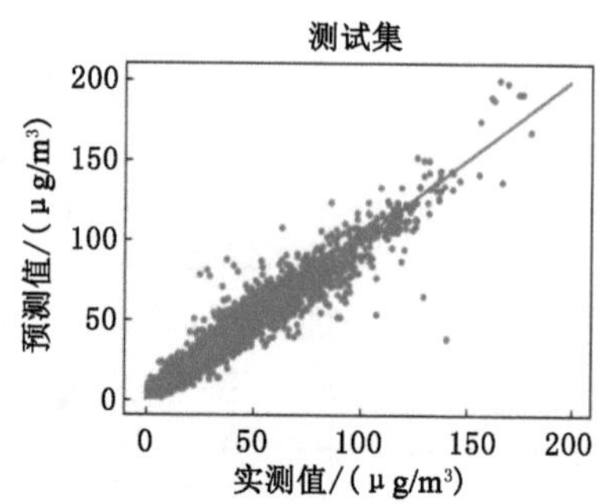

图 9-5　某时空点实测值与预测值对比图

表 9-5 列出了 MOGP 时空模型的整体精度，并分别与反距离加权（Inverse Distance Weight，IDW）、支持向量回归（Support Vector Regression，SVR）、长短时记忆网络（Long Short-Term Memory，LSTM）以及常规 GPR 做精度对比。为直观显示模型的插值效果，选择常规 GPR 模型与 MOGP 时空模型，分别使用北京市东四监测站春季与夏季 $PM_{2.5}$ 浓度预测值与真实值的前 100 个数据进行对比，如图 9-6 所示。

表 9-5　实验结果对比

季　节	Summer			Autumn		
评价指标	RMSE	MAE	MPE	RMSE	MAE	MPE
IDW	16.41	14.99	55.68%	15.71	12.42	55.50%
LSTM	9.96	5.26	20.51%	13.51	6.38	25.84%
GPR	4.85	3.43	14.27%	5.86	4.50	22.67%
SVR	5.34	3.14	12.91%	5.31	3.55	17.71%
MOGP	4.66	2.82	11.95%	4.64	3.11	15.79%

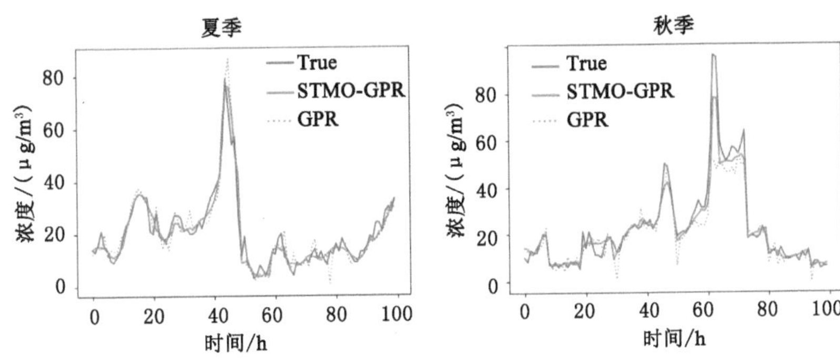

图9-6　东四监测站春、夏 $PM_{2.5}$ 浓度实测值与预测值对比图

由表9-5可以看出，MOGP时空模型插值结果的各项指标都表现良好，其中平均百分比误差相较IDW、LSTM、GPR、SVR方法在夏季数据集中分别减少了43.73%、7.56%、2.32%和0.96%，在秋季数据集中分别减少了37.71%、9.05%、5.88%和1.92%，表明该模型具有一定的实用性和可靠性。观察图9-6可以发现，MOGP时空插值模型相较于传统GPR模型，在数据产生突变时表现较好，这是由于该模型能够充分发掘多元变量间的关联性，从而利用不同数据集中的共享信息提升预测性能。

此外，训练得到的MOGP时空插值模型能够对未设立监测站点的位置进行插值计算，生成完整的区域时空数据预测图，从而有助于研究数据空间分布随时间变化的规律。其插值过程为：首先对待插值区域进行网格化，然后基于训练完成的模型对每个网格点进行插值计算，最终得到整个区域的数据分布图，如图9-7所示。

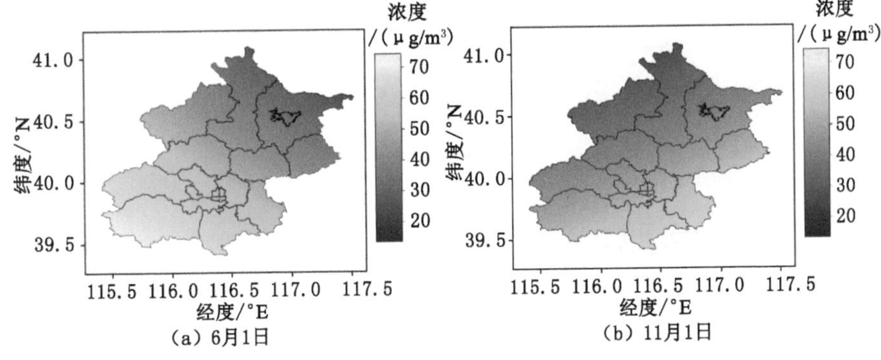

图9-7　PM2.5浓度分布预测图

综上所述，基于空气污染物浓度数据的插值实验表明，本章所提面向地理时空数据的高斯过程模型在缺失值插值方面均表现出较为良好的效果。其中基于 STL 分解的 GPR 时间插值模型能够发现序列数据中隐含的模式，使得协方差函数构造形式更为合理；顾及各向异性的 GPR 插值模型能够对不同观测点间的相关性进行考量，从而得到比以欧式距离为基础的模型更为准确的协方差矩阵；MOGP 时空模型则能够充分考虑多元变量之间的相互作用和相互影响，通过多元变量间的关联性提高了预测的准确率。因此可以说明本章所提模型在地理时空数据分析中具有一定的可靠性和适用性。

9.3 变形监测数据案例应用

9.3.1 GPR 时空加权插值方法

实验数据来自文献[90]，选择 51 个监测点的观测数据进行交叉验证实验，图 9-8 和图 9-9 所示分别是 GPR 空间插值和 GPR 时空加权插值方法交叉验证结果，从中可以看出实测值与估计值吻合得较好，图 9-10 是二者输出的残差序列图。根据残差计算的 RMSE、MAE 及残差的最大和最小值列于表 9-6 中，二者的 ME 较小，认为插值结果近似为无偏，RMSE 相对小的，插值精度总体上高，GPR 时空插值的效果明显好于 GPR 空间插值的效果。

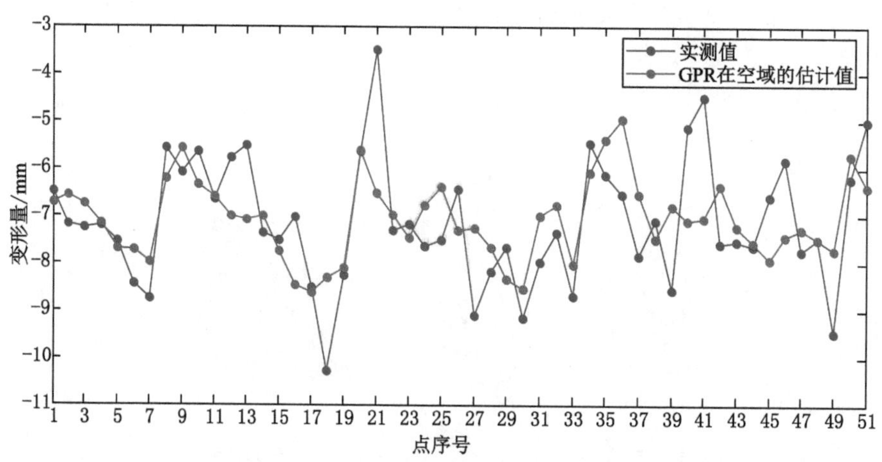

图 9-8　GPR 空间插值交叉验证结果

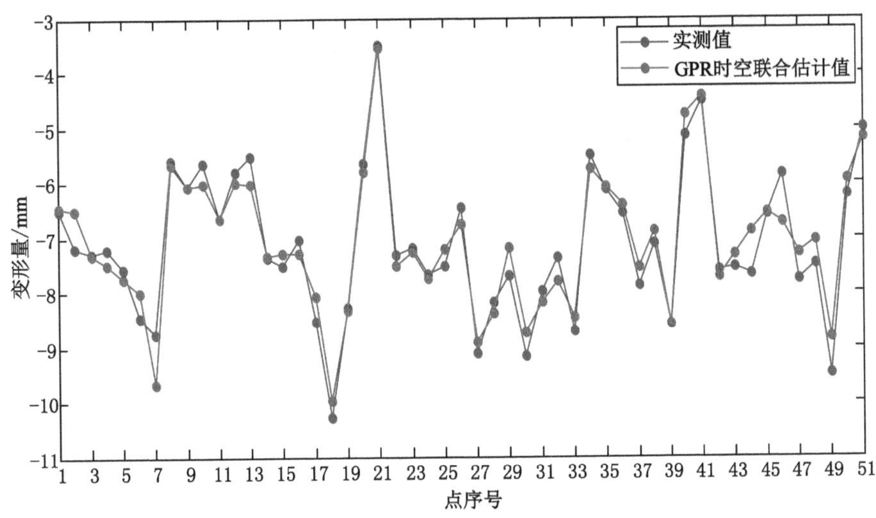

图 9-9　GPR 时空插值交叉验证结果

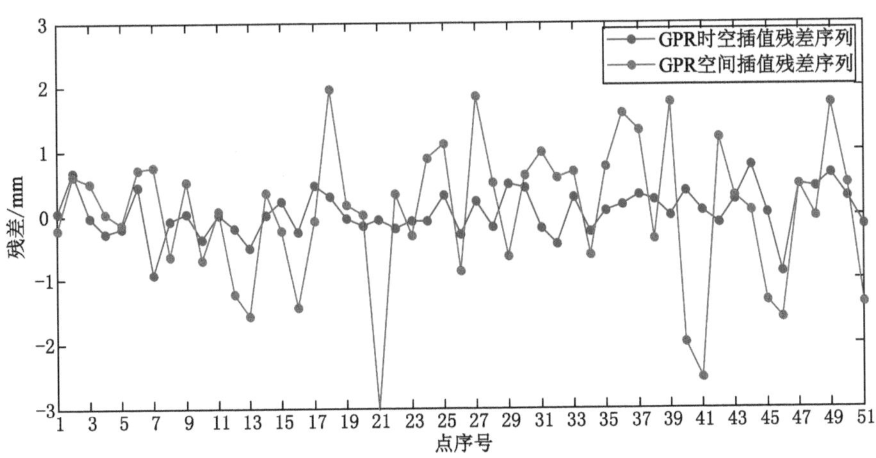

图 9-10　交叉验证的残差序列分布

表 9-6　两种方法的评价指标的统计结果

方法	ME/mm	RMSE/mm	Min/mm	Max/mm
GPR 空间插值	0.039	1.10	0.02	3.03
GPR 时空插值	0.038	0.35	0.01	0.92

工程构筑物在各种影响因素的作用下，其形状、大小及位置在时空域中产生的变化称之为变形，当变形量超过一定的范围时，其产生的后果会给当地的生产生活带来严重的危害，严重地威胁人类的生命财产安全。因此，在工程建设中对变形体的变形监测具有重要意义。通过变形监测，一方面可以对构筑物的变形情况进行监测，对异常变形进行研究并及时采取措施确保构筑物安全；另一方面可以通过对构筑物变形的分析，检验设计和施工的合理性，并为施工方案提供依据。但在实际的变形监测中，由于观测条件等各种因素的限制，变形监测数据常常存在缺失的情况，给构筑物的变形分析造成一定影响，此时便需要对变形监测数据进行插值处理。在变形监测中，变形区域内的变形往往具有一定的整体性，本节通过分析变形点之间的关联性，基于 MOGP 方法对深基坑工程中的维护结构变形数据进行多点联合插值和变形预测，并与传统灰色预测理论进行比对。

9.3.2 MOGP 模型用于变形监测

实验所用数据来源于文献[160]中北京市地铁 10 号线熊奥地铁区间工程，该工程施工区域地质条件复杂，基坑开挖最大深度为 20 m，工程维护难度较大。为保证基坑结构的安全，沿基坑布设了 ϕ800 mm@1400 的钻孔灌注桩作为基坑维护结构，并在每个钻孔灌注桩上设立了监测点，如图 9-11 所示。采用 CX-01 型测斜仪对围护桩桩体的水平位移变形进行监测，以 4 天为一个监测周期，共选取 3 个变形监测点 10 个周期的监测数据，实际观测值见表 9-7。

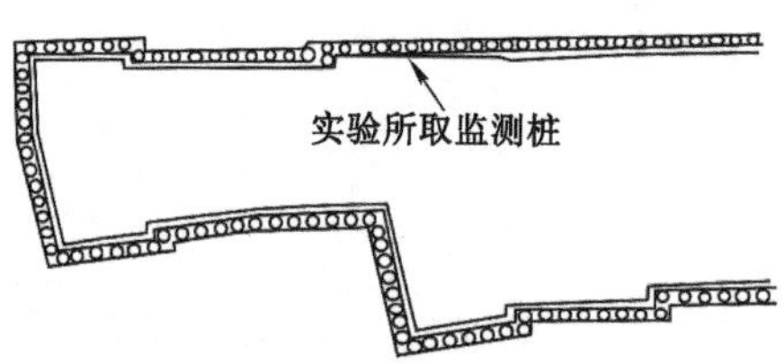

图 9-11　监测站分布图

表 9-7　各监测点实测数据

序号	A 点观测值	B 点观测值	C 点观测值
1	5.35	5.91	5.41
2	7.48	9.29	10.07
3	12.77	13.67	14.52

表 9-7(续)

序号	A 点观测值	B 点观测值	C 点观测值
4	15.10	15.23	16.28
5	16.87	19.00	20.05
6	19.66	20.84	21.84
7	23.30	23.33	24.28
8	24.32	25.39	25.34
9	25.10	26.22	27.15
10	27.90	29.35	30.40

对观测数据进行关联性分析，计算各观测点之间观测序列的相关性系数，如表 9-8 所示，可以发现观测点 A、B、C 之间的相关性系数保留两位小数后均为 0.99，具有较强的关联性。表明对于 A、B、C 三个监测点而言，任意一根基坑围护桩的变形都不是独立存在的，它在受其他点影响的同时也在影响着其他点的变形。

表 9-8　各测站间相关性系数

	A	B	C
A	1	0.99	0.99
B	0.99	1	0.99
C	0.99	0.99	1

9.3.3　实验结果及分析

为顾及变形点之间的关联性，在实验中取 B、C 两监测点的数据作为多输出端口的相关因子与点 A 的时间序列数据进行联合插值，对点 B 和点 C 观测值的插值预测以同样的方式进行。

实验使用遗传算法对模型超参数进行智能寻优，计算开始时将 MOGP 插值模型中的参数初始化为：群体大小为 30，终止进化代数为 400 代，其中寻优超参数个数为 7 个，其范围设定为 0～20，目标函数为模型的负对数似然函数。每个种群目标函数的最优值随进化代数的变化曲线如图 9-12 所示，可以看出，使用遗传算法优化的 MOGP 模型具有良好的超参数求解精度，其中目标函数值随进化代数逐渐减小的过程就是遗传算法对 MOGP 求解最优超参数的过程。目标函数值在进化到200～300代时基本趋于稳定，因此设置最大进化代数为400代能够获得较为满意的精度。

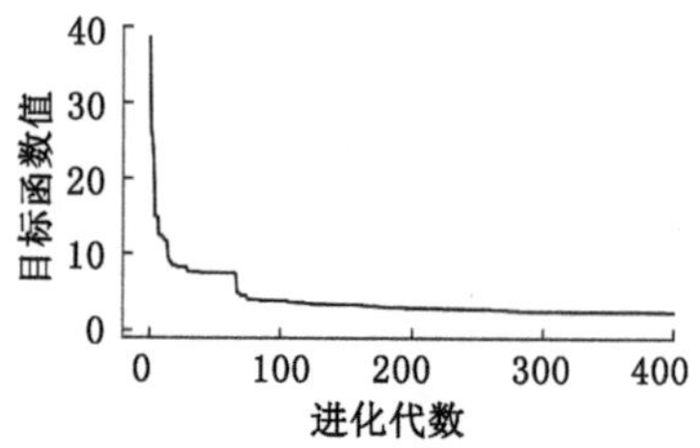

图9-12　目标函数值随进化代数的变化曲线

分别采用文献[160]中的多点灰色预测模型(M-GM(1,1))、常规GPR模型和MOGP模型通过交叉验证法对基坑围护桩的变形数据进行建模预测，并将其预测结果列于表9-9。

表9-9　预测结果比较

序号	M-GM(1,1)			GPR			GA-MOGP		
	A	B	C	A	B	C	A	B	C
1	5.35	5.91	5.41	5.50	5.06	5.59	5.13	5.77	5.37
2	9.15	9.96	10.75	7.85	9.63	10.36	7.90	9.69	10.42
3	12.27	13.24	14.16	12.04	13.00	13.89	12.37	13.29	14.14
4	15.21	15.30	16.30	15.03	15.11	16.10	15.33	15.35	16.30
5	16.82	17.96	19.98	16.76	17.91	19.95	16.80	17.87	19.88
6	20.04	21.16	22.16	20.21	21.36	22.41	19.97	21.08	22.09
7	21.96	23.02	23.96	22.33	23.45	24.44	22.10	23.18	24.17
8	23.86	24.86	25.75	24.12	25.14	25.04	24.37	25.40	25.32
9	25.24	26.22	27.11	25.55	25.44	26.22	25.80	26.73	27.57
10	29.83	30.89	31.91	25.62	26.35	26.99	29.19	30.00	30.73

为对实验结果进行直观分析，选取点A插值结果绘制图9-13，可以看出，MOGP模型能够在预测中顾及邻近监测点的相关信息，与常规模型相比，其预测值更接近实测值。对三种插值模型的性能进行定量评价，计算预测值与实测值之间的RMSE、MAE和IA列于表9-10。MOGP插值模型相较经典M-GM(1，1)和单输出GPR模型预测精度有了很大提高，其中MOGP模型

在 A、B、C 三点的平均误差相较 M-GM(1,1)模型分别提高了 0.24%、0.52% 和 0.79%，相较传统 GPR 模型分别提高了 0.72%、0.92%和 1.53%。

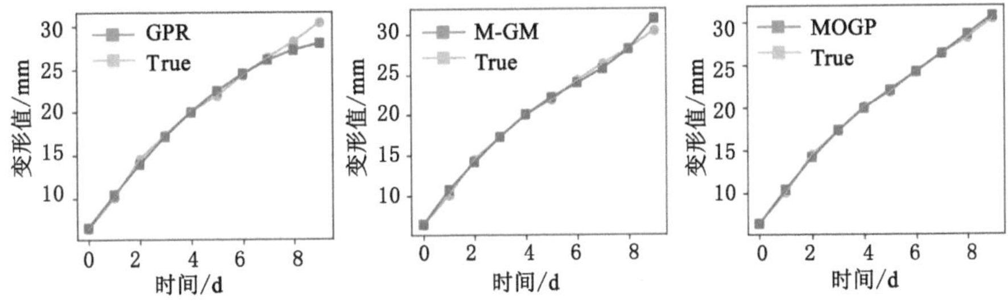

图 9-13　实测值与预测值对比图

表 9-10　实验结果对比

预测模型	A 点预测精度			B 点预测精度			C 点预测精度		
	RMSE	MAE	AVE	RMSE	MAE	AVE	RMSE	MAE	AVE
M-GM(1,1)	0.45	0.36	2.29%	0.59	0.39	2.20%	0.59	0.39	1.98%
GPR	0.81	0.50	2.77%	0.75	0.50	2.60%	0.76	0.58	2.72%
MOGP	0.34	0.29	2.05%	0.33	0.27	1.68%	0.26	0.21	1.19%

综上所述，在基坑维护结构的变形监测插值实验中，基于遗传算法优化的时空多输出高斯过程插值模型在超参数优化和预测性能上均表现良好，表明其具有一定的可靠性和有效性。由于变形监测数据结构简单且在此实验中仅使用了 10 个时间点的数据，对 MOGP 模型性能的验证程度有限，接下来应用数据结构更为复杂的实验进一步对其进行有效性测试。

9.4　水质监测数据案例应用

对水体中污染物的种类、各类污染物的浓度及其变化趋势进行监视和测定，同时对水质状况进行评价的过程称之为水质监测。水质监测的范围十分广泛，包括未被污染和已经遭受污染的天然水及各种工业用水等，其主要监测项目可以分为两大类：第一类是反映水质状况的综合指标，例如对水体的温度、色度、浊度、pH 值以及溶解氧进行监测；第二类是对水体中的有毒物质，例如砷、氟、二氧化锰和有机农药等进行监测。为客观评价江河和海洋水质的状况，除了上述监测项目之外，有时还会对水的流速和流量进行测定。

在水质监测中，微量元素的数据往往很难收集到，或者只能收集到比较少的数据，若用这些信息量少的数据去训练模型，得到的预测结果往往会比较差。并且在众多影响水质状况的指标中，某一指标的数据往往不是单独变化的，而是呈现出一定的整体性特征，例如水体中的氢离子浓度与 pH 值之间有着很强的相关性。综合考虑这两个问题，可以使用多输出学习的思想训练模型，通过两个及以上不同指标数据集之间的相关性来提高预测准确率，得到一个比只用单个数据集更好的预测结果。

9.4.1 实验数据

实验所使用的数据为 Kaggle 数据科学竞赛平台发布的海水质量监测数据（https://www.kaggle.com/hugoquintero/seawater-quality-pnbl-20142019），监测区域位于墨西哥的洛雷托市，毗邻加利福尼亚海湾，由于其生物资源丰富，极具生物种类多样性研究价值，整个海湾有 5%的面积被政府设立为自然保护区。在该海洋保护区中，洛雷托国家公园以 206 581 公顷的面积位列保护区面积第一，其中 89%为海洋区域，11%为岛屿区域，沿岛屿海岸线布设了水质监测站，用以评估保护区水质状况。此数据集记录了洛雷托国家公园水质监测站 2014—2019 年期间的海水质量数据，其中包括 16 个监测站的海水温度、盐度、pH 值及溶解氧等数据。

9.4.2 实验结果及分析

在固定海域中，当盐度升高时，海水中氯离子增加，即负离子增加，而水电离平衡总是向着电离减少的一方移动，使得海水中氢离子浓度减少，从而造成海水 pH 值增加。因此，选择具有一定关联性的海水 pH 值与盐度数据进行联合建模预测，实验完成后以实测值为横轴、预测值为竖轴作误差统计分布图，如图 9-14 所示，可以看出模型的预测值与实测值拟合情况很好，绝大部分点都落在直线附近，其中有部分点呈现出离群的特征，这是由于在该点处属性突变现象较为明显，因此对预测结果造成了一定影响。此外，模型在训练集与测试集中呈现出的效果相当，说明模型未出现过拟合现象，由于测试集的数据并未参与建模过程，因此可以说明 MOGP 模型对于时空上的未知点具有较好的插值效果。

将 MOGP 时空模型的整体精度列于表 9-11，并分别与反距离加权（Inverse Distance Weight，IDW）、支持向量回归（Support Vector Regression，SVR）、长短时记忆网络（Long Short-Term Memory，LSTM）以及常规 GPR

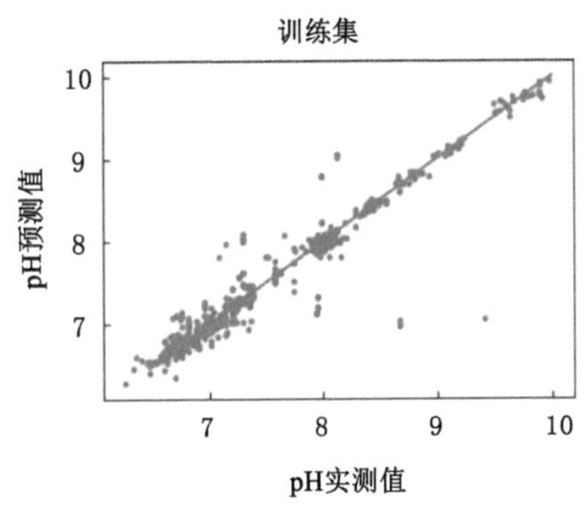

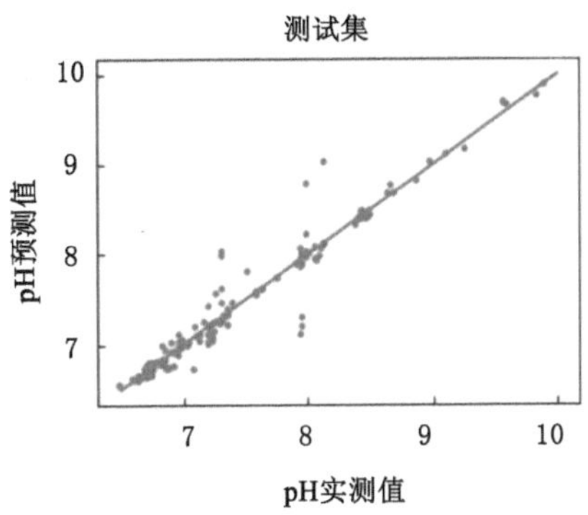

图 9-14　误差统计分布图

做精度对比。可以看出，在各项精度指标中 MOGP 时空模型都表现良好，其中平均百分比误差相较 IDW、LSTM、GPR、SVR 方差在海水 pH 值数据集中分别减少了 2.86%、9.00%、1.96%、1.44%，在海水盐度数据集中分别减少了 6.60%、9.35%、3.52%、2.99%，表明该模型具有一定的实用性和可靠性。为直观显示模型的插值效果，选择常规 GPR 模型与 MOGP 时空模型，分别使用第 7 监测站中海水 pH 值与海水盐度插值结果进行对比，如图 9-15所示。可以发现 MOGP 模型预测值与真实值拟合得更好，这是由于该模型能够对多种时空数据进行联合分析，从而相较于经典 GPR 模型，在数据产生突变时预测更加准确。

表 9-11　实验结果对比

类 型	PH level			Salinity		
评价指标	RMSE	MAE	MAP	RMSE	MAE	MAP
IDW	0.43	0.29	3.84%	3.04	2.35	9.86%
LSTM	0.88	0.76	9.98%	3.07	3.07	11.61%
GPR	0.37	0.22	2.94%	1.88	1.38	5.78%
SVR	0.33	0.18	2.42%	1.72	1.26	5.25%
MOGP	0.17	0.07	0.98%	1.10	0.59	2.26%

综上所述，在水质监测数据插值实验中，时空多输出高斯过程插值模型在插值结果中表现出了较为良好的预测精度，表明其具有一定的可靠性和有效性。

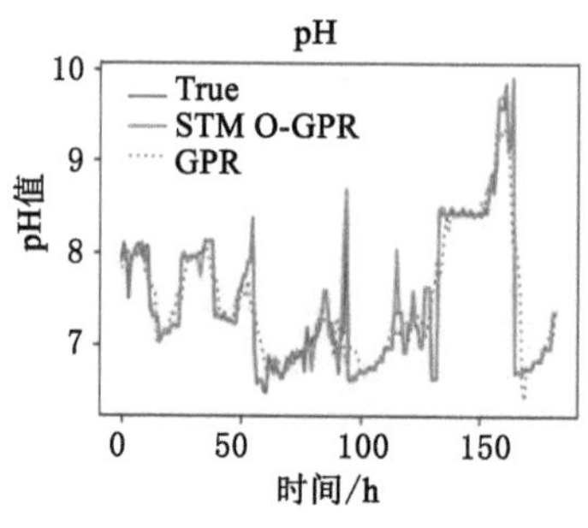

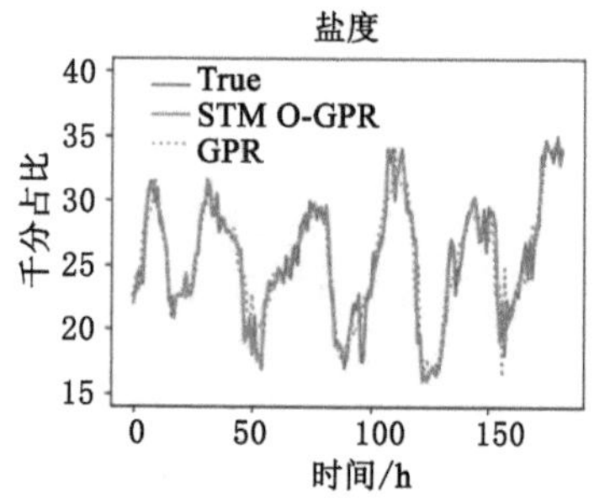

图 9-15　实测值与预测值对比图

9.5　本章小结

本章共进行了空气质量数据插值实验、变形监测数据插值实验和水质监测数据插值实验共三个实验,实验结果表明:面向地理时空数据的高斯过程插值模型在多种情况下均能取得与经典插值算法水平相当的插值结果,并且能够输出预测值的验后方差,从而对预测结果的置信度进行评价。基于 STL 分解的协方差函数组合方法可以构建与数据内在模式基本一致的模型,适用于时间监测序列较长的数据集;以相关距离代替欧式距离的 GPR 模型能够顾及数据中的各向异性,考察不同观测点对之间关联性的差异,适用于具有明显方向性变化特征的数据集;多输出高斯过程时空模型则能够利用多个数据集之间的相关性对其进行联合分析,从而提升插值性能并能够更好地解决数据不足的问题。针对不同数据集表现出的特征选择相应的方法构建模型,可以获得更为可靠的插值结果。

第 10 章　地学传感网在线数据智能分析软件

10.1　概述

近年来，地学传感网（GeoNetWorks）在地球科学领域的应用越来越广泛，所谓 GeoNetWorks 是指无线传感网技术用于发现、监测和跟踪地学环境现象并加以处理[161]，是最近国内的物联网在地学领域的体现和应用。在国内，太原理工大学张锦教授较早地开展了地学传感网系统在矿山开采引发的地面灾害监测中的研究和应用，从不同角度给出了 GeoNetWorks 的定义[163]。

GeoNetWorks 在环境监测和灾害监测中应用越来越多，中科院上海微系统与信息技术研究所和中科院・水利部成都山地灾害与环境研究所展开合作，研发了基于传感网的泥石流监测与预警测试系统，对泥石流发生前、发生时、发生后的各种数据进行采集、分析、记录，为泥石流预测、预警提供准确、及时的信息。另外，北京师范大学项目组研制的“极端环境无线传感器网络观测平台”在南极成功安装也是比较典型的例子。河海大学 XGIS 研究小组致力于多传感器网络监测海水变化，文献[166]针对动态目标进行跟踪和预测，设计了基于传感器网络的监测和管理系统。国际上也出现了大量的地学传感器网络研究案例，如地学传感器在地面灾害和环境监测中的应用[167-168]。

10.2　自动化监测系统架构设计

自动化变形监测系统从数据的采集、传输、管理、处理、信息发布各个环节要相互协同才能充分发挥其应有的作用。图 10-1 所示是自动化监测数据处理软件原型系统的架构，其中数据实时处理和空间数据管理布置在服务端，GIS 在线可视化分析布置在客户端。

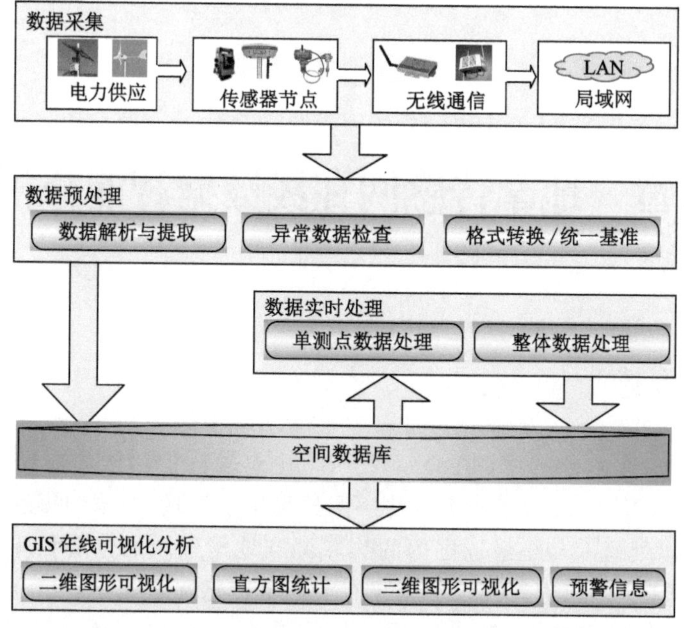

图 10-1　自动化监测数据处理软件原型系统的架构

10.2.1　服务端监测数据管理

自动化监测数据处理软件原型系统中有两大类数据：一类是静态数据，即用于描述传感器自身的元数据；另一类为动态数据，是由传感器观测产生的实时数据流，动态数据中还包括数据处理过程中产生的中间数据和成果数据。传感器类型不同，采集的数据格式也不尽相同，大体上分为结构化数据、半结构化数据、非结构化数据。

随着观测时间积累，动态数据量越来越庞大，因此，就如何高效管理结构复杂、数据庞大的传感器数据是传感器数据管理的一项主要任务，是自动化监测系统稳定性和时效性的重要保障。

根据传感器的类型不同，传感器链路只负责观测数据的传输，传感器节点只做简单处理，将观测数据传入数据管理中心统一进行存储和管理，应用分布式数据库管理系统组建监测空间数据库管理系统，可完成自动化监测系统各类数据的管理，数据库管理系统安装在服务端上运行。

10.2.2 服务端实时数据处理

监测数据实时或近实时处理是自动化监测数据处理软件系统的核心功能，监测数据处理既可在服务端进行也可以在客户端实现。在服务端运行数据处理程序能充分利用服务器强大的计算能力，也能避免数据传输带来的瓶颈，另外一个优点是经过服务器一次处理，成果在客户端共享利用。

当传感器完成最新一个周期的观测后，由通信系统将这些数据传送到数据管理中心的数据库中，此时服务端数据处理程序监测到有数据更新后，即时启动相应的数据处理程序现近实时的数据处理模式。

在数据存储之前，经常需要对原始观测数据进行抽取、解析、格式转换以及异常数据检验等数据预处理操作，这部分预处理操作由独立的子系统来实现，由预处理子系统作为数据库管理系统的重要模块提前执行以减轻前端应用程序的负担。

10.2.3 客户端在线可视化分析

客户端应用程序是自动化监测数据处理软件原型系统中另一个重要组成部分，客户端应用程序向服务端发出请求，获取经过预处理后的数据成果进行可视化分析。根据实际需要，客户端应用程序既可以在浏览器上运行也可以在桌面上运行，即 B/S 或 C/S 模式。客户端应用程序通过局域网或互联网与服务端数据库连接，随时发出数据请求，客户端与服务器数据库进行数据交换访问，如在.NET 编程环境中优先使用的数据访问接口是 ADO.NET。

客户端应用程序要与服务端数据处理程序协同工作，当服务端数据处理完成后，客户端程序发出请求进一步进行可视化分析，同时客户端应用程序具备自动生成一段时间内的综合分析报告，并通过电子邮件发送给用户。客户端应用程序在一定的条件下向用户发出预警信息，例如，当累积位移速率比超出设定的阈值范围时，可以向用户发送预警短信。

10.3 自动化监测系统功能设计

本书设计的自动化监测在线数据处理软件原型系统以 C/S 模式运行在企业的局域网内，客户端操作系统为 Windows 7；服务器端操作系统选择 Windows server 2003，数据库管理系统选择 MySQL。另外，在服务器上安装 MATLAB 2010 作为数据处理分析软件。图 10-2 所示是变形监测数据处理软件原型系统运行流程和功能模块。

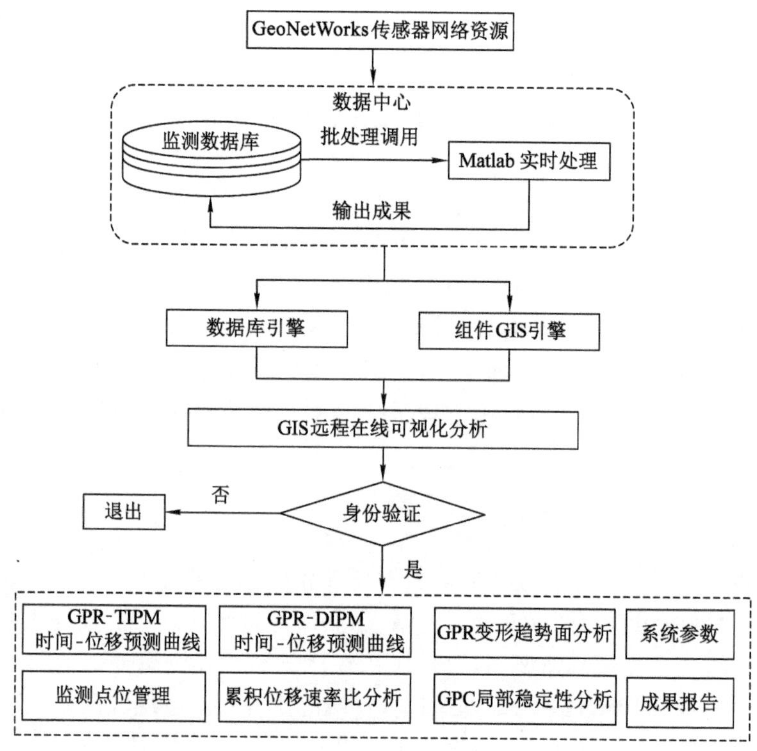

图 10-2 变形监测软件原型系统运行流程和功能模块

位于数据中心的服务端负责来自传感网监测数据的管理和近实时数据处理,处理的成果数据储存到监测数据库中。服务端接受来自客户端的请求,返回客户端相应的请求结果。客户端请求服务端获取实时计算成果并进行可视化分析,另外客户端负责对系统参数进行设置,例如预测周期和阈值。

10.4 自动化监测系统的实现

自动化监测系统会产生大量的数据,科学管理、高效(近)实时在线处理数据的能力是一个自动化监测系统是否能够成熟应用的标志。本节主要依据自动化变形监测数据处理软件原型系统的构架原理和功能模块,根据前文中提到的算法和原理,在 MATLAB 2010 的支持下实现服务端近实时数据处理程序，以 C＃作为开发平台结合 GIS 开源组件，实现 GIS 客户端在线可视化分析程序。

10.4.1　异常数据检验与坐标转换

对于观测数据中的异常数据检验与修正，这部分数据处理工作可单独作为原型系统的一个子系统来实现，具体的算法原理在第 2 章中有详细论证，图 10-3所示是应用 FSE 方法在 C＃平台上实现的坐标系统转换可靠性参数求解的程序界面。

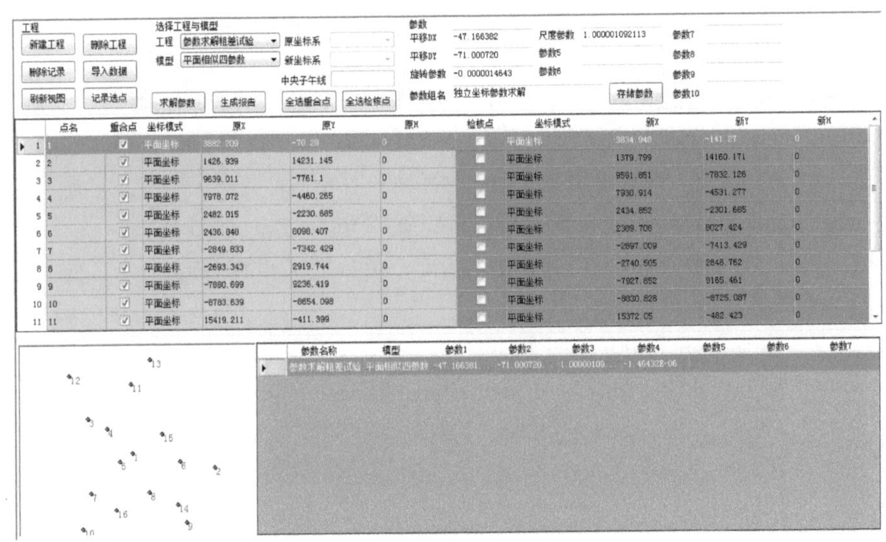

图 10-3　坐标转换可靠性参数求解

10.4.2　Matlab 服务端近实时分析

MATLAB 强大的数值计算能力非常适合大数据量的分析计算，本书在 MATLAB 环境下的 GPstuff 软件包[169]的支持下进行二次开发，实现了第 4 章到第 7 章提到的模型和算法。当传感器完成一个周期的观测任务后，通信系统即时将观测数据传输到监测数据库中，MATLAB 程序将自动在后台进行数据的近实时处理，从而实现 MATLAB 数据处理与观测数据之间的协调同步。大量的近实时计算在服务器上进行，减轻客户端的计算压力以提高计算效率，可视化分析和简单计算由客户端来完成。

有两种方法可以实现 MATLAB 程序自动在后台运行，一是在观测数据表上设计相应的触发器启动相应的 MATLAB 计算程序，具体方法是将 MATLAB 程序命令写在批处理文件中，由触发器根据不同的条件自动启动批处理文件；另一种方法是将 MATLAB 计算程序做成 Windows 服务的形式，该服务一直在后台运行，服务中设计一个计时器，计时器启动的时间间隔根据观测周期来设定，时间间隔由服务参数随时进行调整，通过执行 sc start 命令可以启动服务并将时间间隔作为参数，由此定时执行批处理文件。以下代码是应用批处理文件启动 MATLAB 命令、Windows 服务调用批处理 C# 代码和 MATLAB 连接数据库代码。

（1）启动 GPR-TIPM 预测方法的批处理文件中的命令为：

```
REM 自动启动 GP 程序在后台运行
start D:\"Program Files"\MATLAB\R2010b\bin\matlab. exe-nodisplay-nodesktop-nosplash-r "run('E:\VSMatlab\ GPR_TIPM. m)"
```

（2）Windows 服务调用批处理 C# 代码

```
Timer aTimer = new System. Timers. Timer();//计时器
publicMyService()//构造函数，定义一个自定义事件日志。
{
    InitializeComponent();
    aTimer. Elapsed += new ElapsedEventHandler(TimeEvent);
    aTimer. Enabled = true;
    if (! System. Diagnostics. EventLog. SourceExists("MyRunBatService"))
    {
        System. Diagnostics. EventLog. CreateEventSource(
            "MyRunBatSource", "MyRunBatLog");
    }
    eventLog1. Source = "MyRunBatSource";
    eventLog1. Log = "MyRunBatLog";
}
protected   void TimeEvent(object source, ElapsedEventArg)
{
Process Myproc = null;
try
{
```

```
string batDir = string.Format(@"E:\VSMatlab"); //批处理文件所在目录
Myproc = new Process();
Myproc.StartInfo.WorkingDirectory = batDir;
Myproc.StartInfo.FileName = "AutoRunMatlab.bat";//批处理文件名
Myproc.StartInfo.CreateNoWindow = true;
Myproc.Start();
Myproc.WaitForExit();
}
    catch (Exception ex)
    {
        eventLog1.WriteEntry("程序异常发生 :"+ex.Message );
    }
}
protected override void OnStart(string[] args) //启动服务,根据参数args 设置时间间隔
{
    long tm = 0, jg = 0;
    if (args.Length > 0)
    {
        tm=System.Int32.Parse(args[0]);
        jg = tm * 60 * 1000;
        aTimer.Interval = jg;
        eventLog1.WriteEntry("时间间隔(分):" + tm.ToString());
    }
    else
    {
        tm=600000; //默认值为 10 分钟
        aTimer.Interval = tm;
        jg=tm/1000/60;
        eventLog1.WriteEntry("时间间隔(分):" + jg.ToString());
    }
```

```
}
```

(3) MATLAB 连接数据库代码

执行 MATLAB 程序过程中，会涉及 MATLAB 连接 Sqlserver 服务器，连接成功后执行相应的 Sql 语句读取数据库表中的数据。下列代码是 MATLAB 连接 Sqlserver 并读取 OrgCoordinate 数据表的 MATLAB 代码。

```
function connectdatabase(un,ps)
databaseUrl='jdbc:sqlserver://192.168.1.12:1433;databaseName=GpData';
driver='com.microsoft.sqlserver.jdbc.SQLServerDriver';
username=un;%用户名
password=ps;%密码
databasename='GpData';%数据库名
conn = database(databasename, username, password, driver, databaseUrl);
ping(conn);
curs=exec(conn, 'select * from OrgCoordinate');%执行 SQL 语句
curs=fetch(curs);% 返回执行结果
datacell = curs.Data;
end
```

(4) MATLAB 后台分析

尽管 MATLAB 服务端能自动完成数据的在线分析和处理，有时受环境、数据传输、传感器故障等因素的影响，导致某个时间段未能完成实时处理，此时需要人为启动后台处理程序调动 GPR 智能分析处理模块，图 10-4 所示为基于 MATLAB 开发的后台数据分析模块，指定处理的监测点和处理时间，即可完成该时间段选定的监测点的分析。

10.4.3 GIS 客户端在线可视化分析

尽管 MATLAB 有强大的计算能力和丰富的图形可视化表达方法，但 MATLAB 程序的可移置性较差，虽然 MATLAB 在编译可执行程序方面提供了相应的解决方案，但不如其他面向对象可视化开发语言（如 VS 系列语言）开发的软件界面友好，安装方便。为此，变形监测数据处理原型系统客户端开发平台选择 C# 语言，在开源 GIS 组件和图表控件的支持下完成数据可视化分析，实现系统在线数据分析和统计。

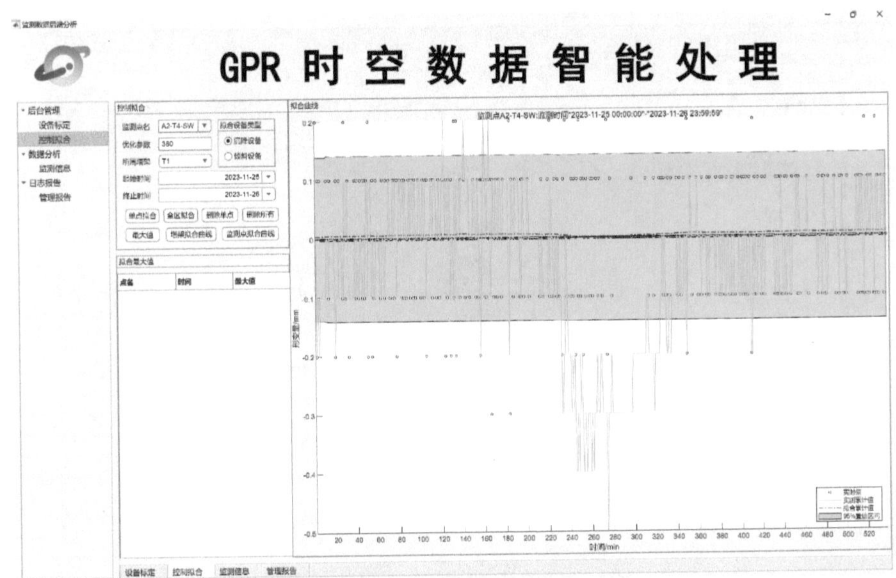

图 10-4　MATLAB 后台分析模块

原型系统选择 MapWinGIS 组件作为 GIS 引擎，MapWinGIS 是由美国艾奥瓦大学提供的 GIS 解决方案，是一款开源 GIS 软件。MapWinGIS 是一个相当高效的地图引擎，放大、缩小、漫游速度很快，开发语言是 VC++，基于微软的 COM 思想编写，能够兼容包括.NET 在内的多种语言开发平台，并能快速添加到用户开发的软件系统中。目前，在 MapWinGIS 组件的支持下，自动化在线监测客户端主要实现了以下几方面的功能。

(1) 监测点管理和显示

原型系统能够实现监测点的管理和显示，在 MapWinGIS 组件的支持下，能够完成图形的缩放、漫游和查询。图 10-5 所示是系统监测点分布显示界面，图中的小矩形区域是鼠标拾取到的点位属性，左侧是图层信息栏，根据点位的不同类型进行自动分层显示。

(2) 时间-位移曲线可视化分析

原型系统可以进行近实时的时空序列可视化分析和处理，具体实现方法和算法见第 6 章的 GPR-TIPM 模型。图 10-6 所示是 GPR-TIPM 模型预测未来第一天的时间-位移曲线，图 10-7 所示是预测残差统计直方图。在图 10-6 的左侧信息栏中选择需要查看的监测点，执行“预测曲线”命令，客户端向服务端数据库发出请求，获取数据后在客户端进行可视化显示。

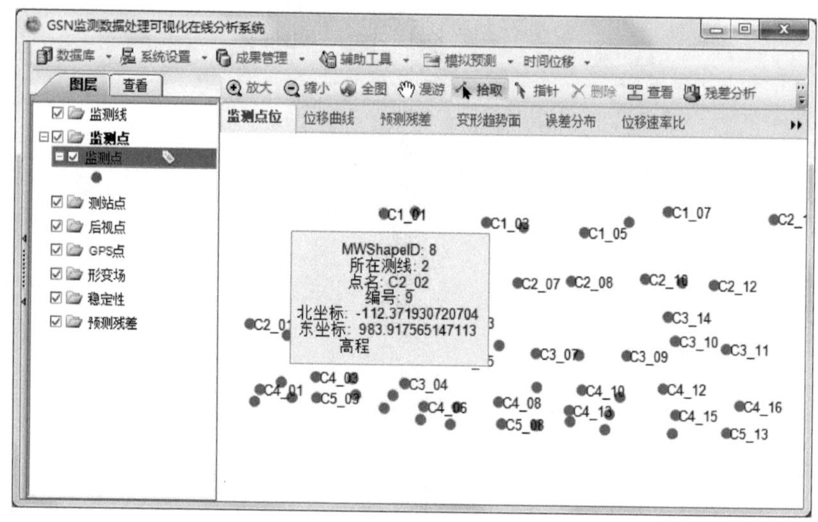

图 10-5　系统监测点分布显示界面

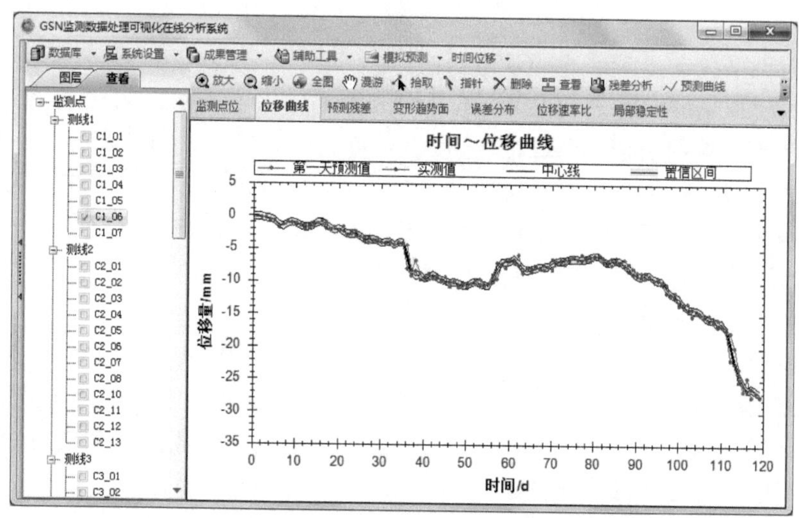

图 10-6　GPR-TIPM 模型预测未来第一天的时间-位移预测曲线

(3) 时空演化和局部稳定性分析

根据第 6 章提到的方法在服务端实现了时空演化和局部稳定性可视化分析功能。当数据处理结果超出设定的阈值后，客户端主动向用户发送短信息通知用户。

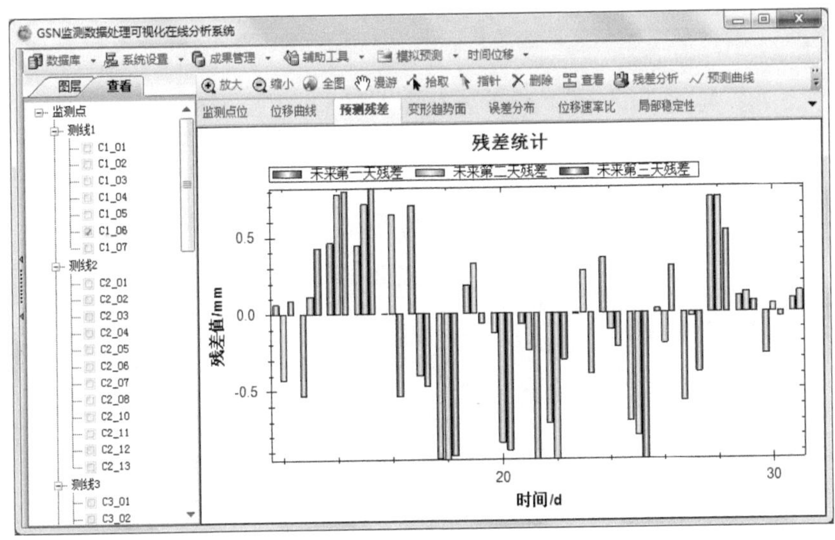

图 10-7　预测残差统计直方图

目前系统已实现了变形趋势面模型可视化(图 10-8),误差分布(图 10-9)、累积位移速率比直方图(图 10-10)和局部稳定性分析(图 10-11)。

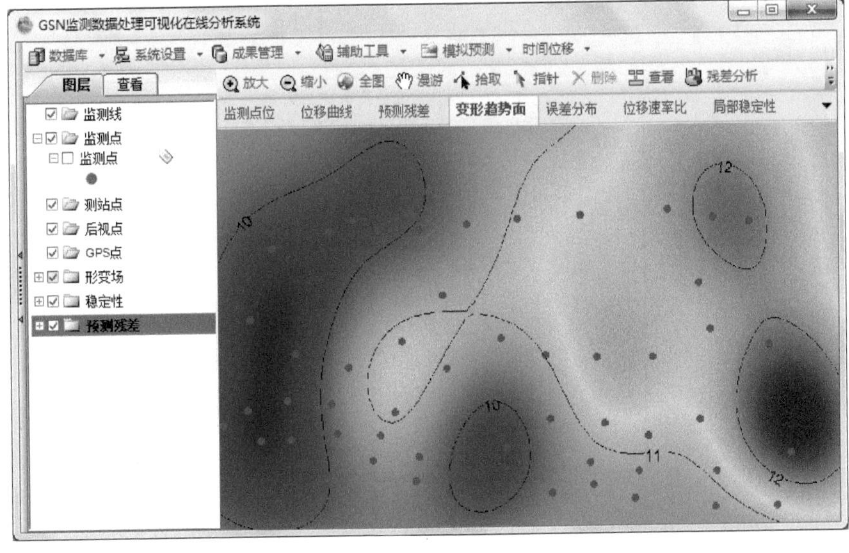

图 10-8　变形趋势面可视化结果

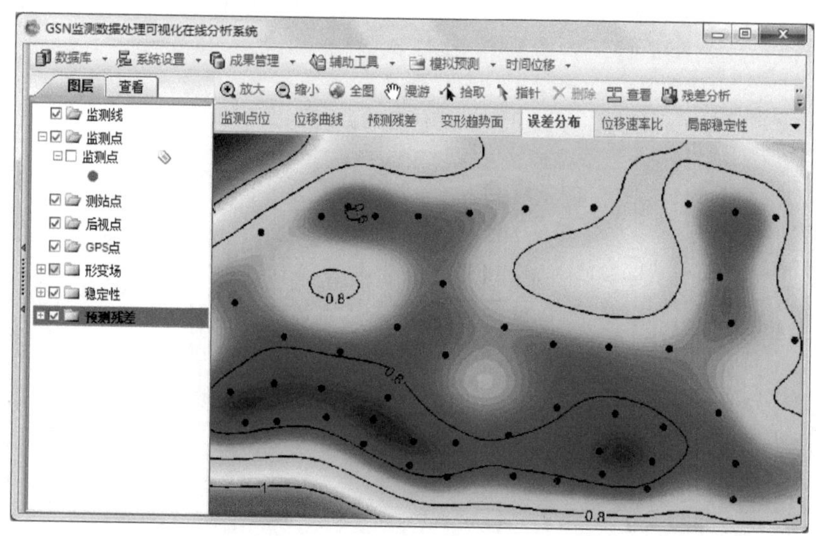

图 10-9　误差分布可视化结果

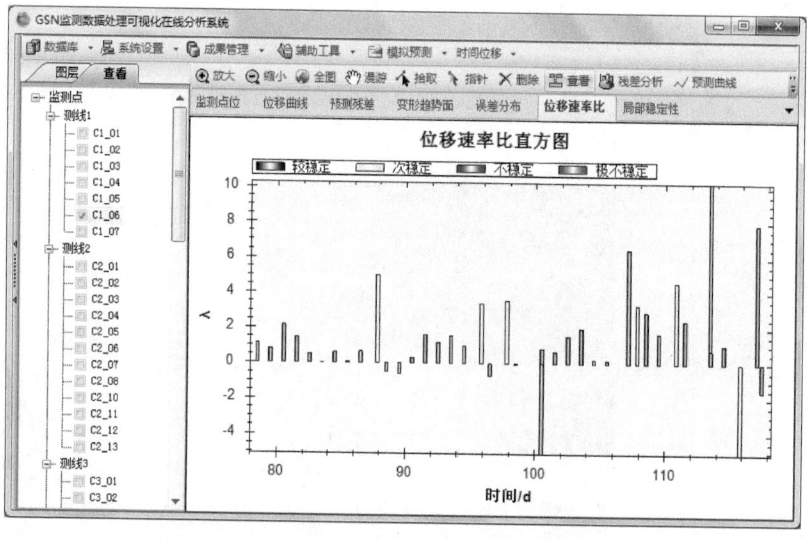

图 10-10　累积位移速率比直方图统计结果

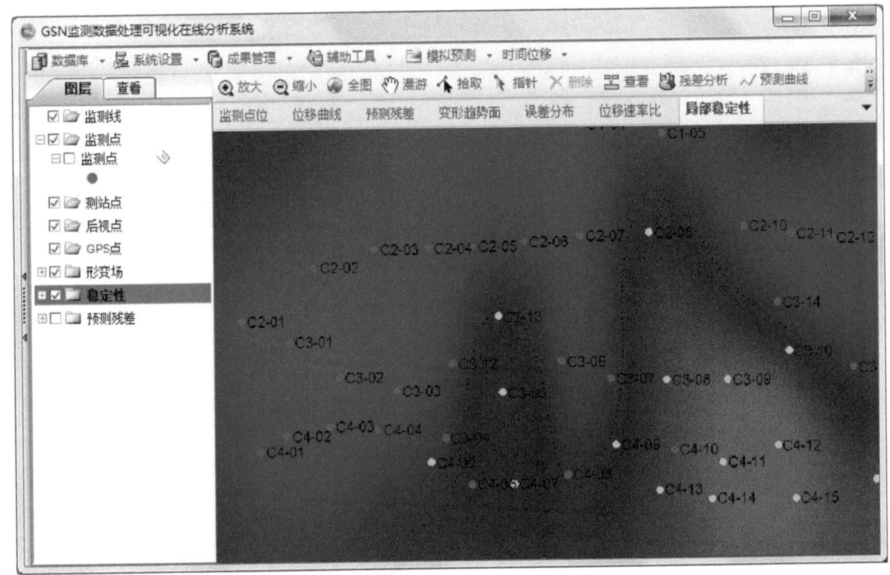

图 10-11　局部稳定性分析可视化结果

10.5　传感网智慧监测云平台

开发一个基于 B/S(浏览器/服务器)架构的 GeoNetWorks 实时监测云平台是方便用户随时登录云平台查看、浏览传感器的实时监测数据，生成多种类型的图表在页面端展示，当变形量超出阈值时，通过短信、电话向管理人员发出预警信息。

10.5.1　云平台架构

云平台总体技术架构由四层组成(图 10-12)。第一层为数据感知层：主要由传感器资源、数据采集系统组成；第二层为网络层，由无线通信和有线通信网线网络组成，负责数据的远程传输；第三层为应用服务层，用户登录云平台进行数据查看、浏览、统计、分析、下载、打印报告等功能服务；第四层为数据管理与处理层，应用空间数据库管理技术完成各类传感器数据的管理，由 GP

智能变形分析方法完成在线分析和预警。

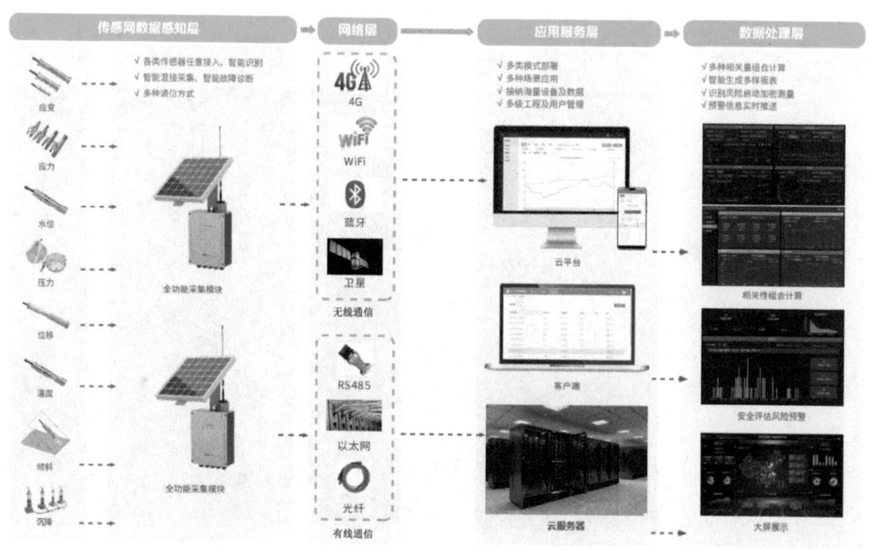

图 10-12　云平台总体技术架构示意图

10.5.2　云平台功能模块设计

智慧监测云平台应用空间数据库对各类传感器数据进行存储和管理，由 6 个子系统组成(图 10-13)。业务员和管理员可登录 Web 页面或移动 App 端随时访问、查看查询塔基的运行状态，对信息进行查询浏览、统计分析、报表打印，监测数据分析结果以图表可视化的形式展示。移动端具备 Web 端 70%的功能，主要显示调用由 Web 端计算完成的成果，主要有监测点的状态查看，各类信息的接收、查询，图表的显示，实时数据查看，各类权限的管理。

云平台完成的主要功能描述如下：

(1) 云平台进行数据自动采集、发送、实时传输。

(2) 云平台集成有关数据分析和预警模型分析方法，直观显示数据相互关联、分析未来趋势等。在监测到异常数据时及时发出预警信息。

(3) 可视化分析，包括数据统计对比分析、变形趋势图、差异性分析、异常

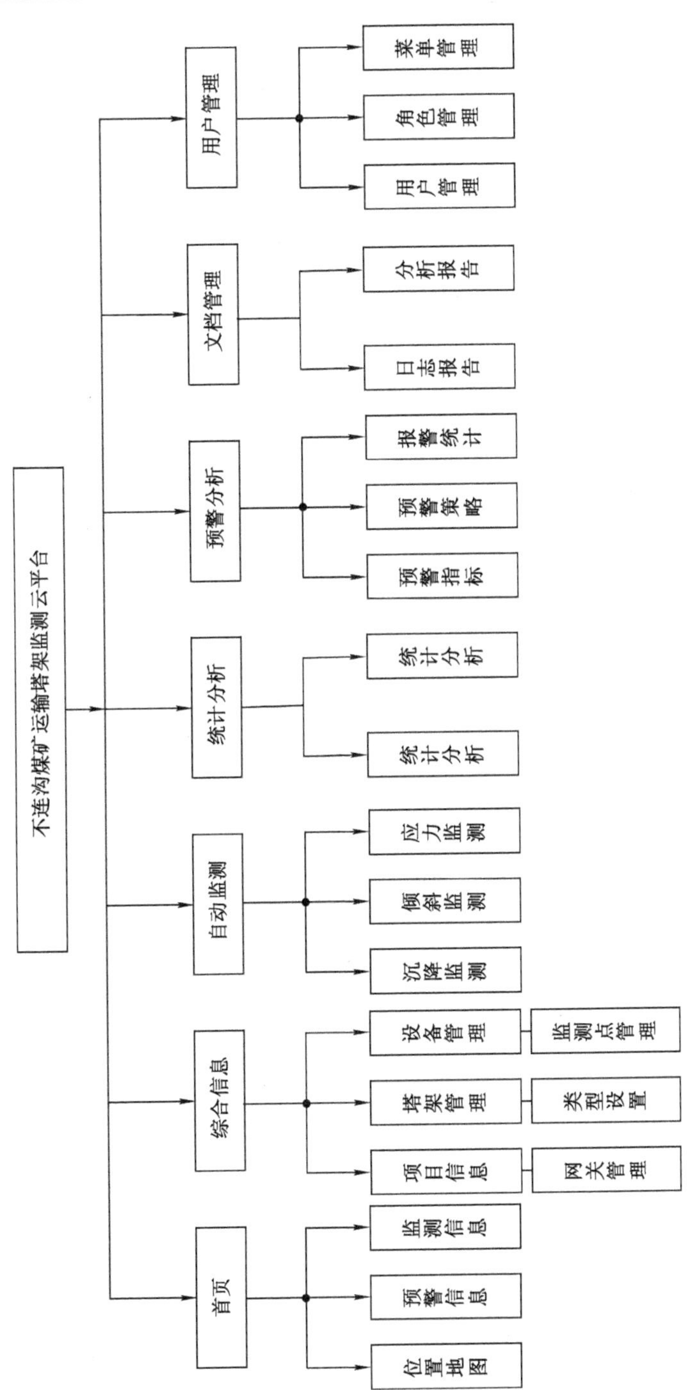

图10-13　云平台的功能模块

数据分析等。

(4) 数据分析结果超过阈值,预警信息自动推送消息给相关管理人员,查看实时推送消息。

(5) 管理员可配预警值、预警类型、发送间隔、接收人等信息。

(6) 在云平台测点管理模块中可查看传感器状态,查看实时数据消息。

(7) 云平台具备一键生成监测报告的功能。

(8) 用户权限管理、日志管理。

10.5.3 云平台业务流程

平台运行后,由管理员根据用户角色统一分配用户权限,系统自动运行,部分环节需要将人工测量数据上传到平台,主要有基准点、工作基点复测数据、塔架信息等,平台总体上预计按照图 10-14 所示的流程开展业务。

10.5.4 云平台简介

基于上述架构和设计方案,开发一个 B/S(浏览器/服务器)架构的地学传感网智慧监测云平台,云平台部署在商业云服务器上,平台能够接入多种地学原位传感器的观测数据,经数据预处理后,将传感器实时监测数据存储在云端数据库中进行统一管理。

然后根据业务需要建立应用业务子系统,用户通过浏览器登录智慧监测云平台,可查看、浏览传感器的实时监测数据。平台的特色是集成了 GPR 智能数据处理算法,对变形监测数据进行实时处理,生成多种类型的图表在页面端展示。当变形量超出阈值时,通过短信、电话向管理人员发出预警信息。目前,该平台成功于不连沟煤矿皮带栈桥在线监测,已接入 220 个静力水准仪、70 个倾角仪、15 个试验性应变仪,平台主体界面如图 10-15 所示。

为了方便业务人员随时管理查看监测状态,在 Web 端的基础上进一步开发了移动端云平台,移动端除了传感器的初始化和基础设置外,可完全代替 Web 端的日常查询、图形浏览、报警处理等业务操作,如图 10-16 所示。

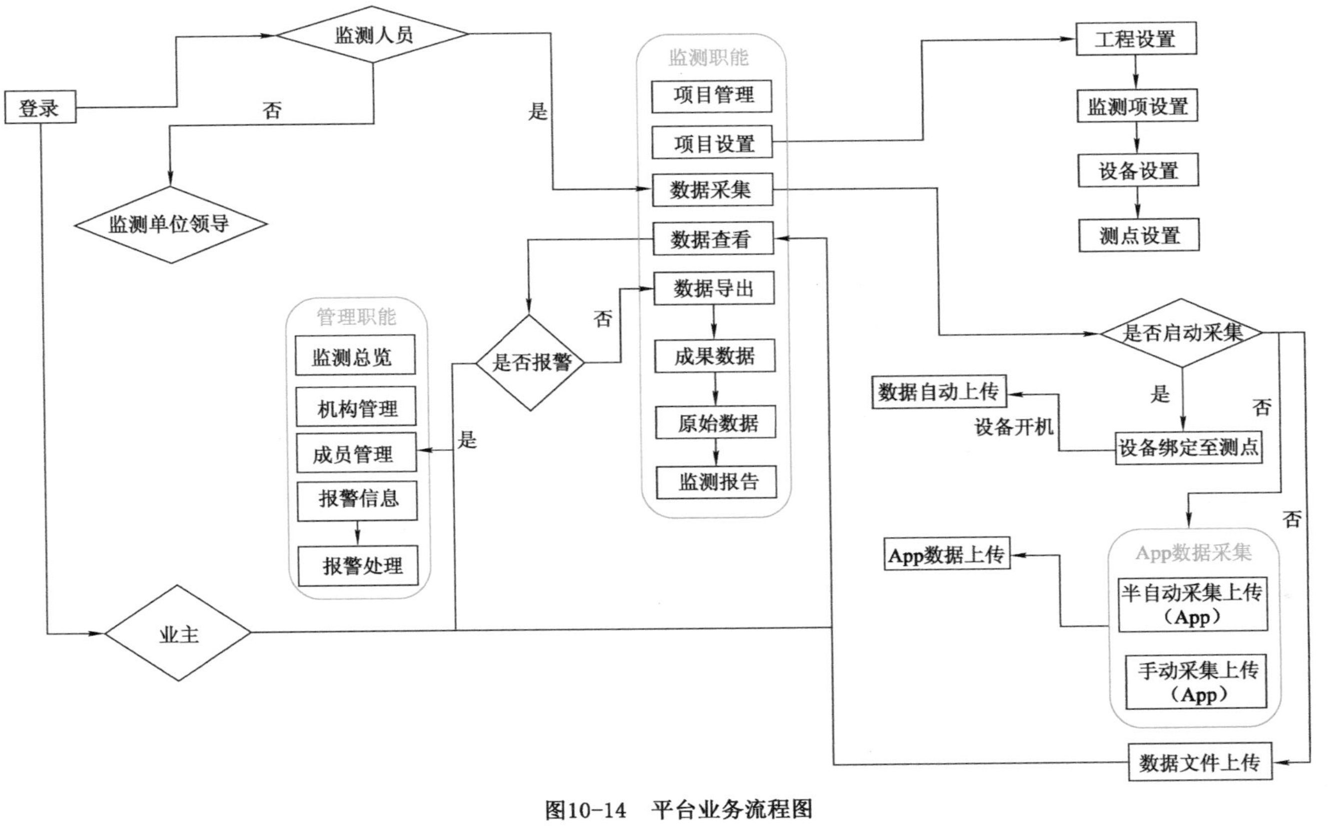

图10-14　平台业务流程图

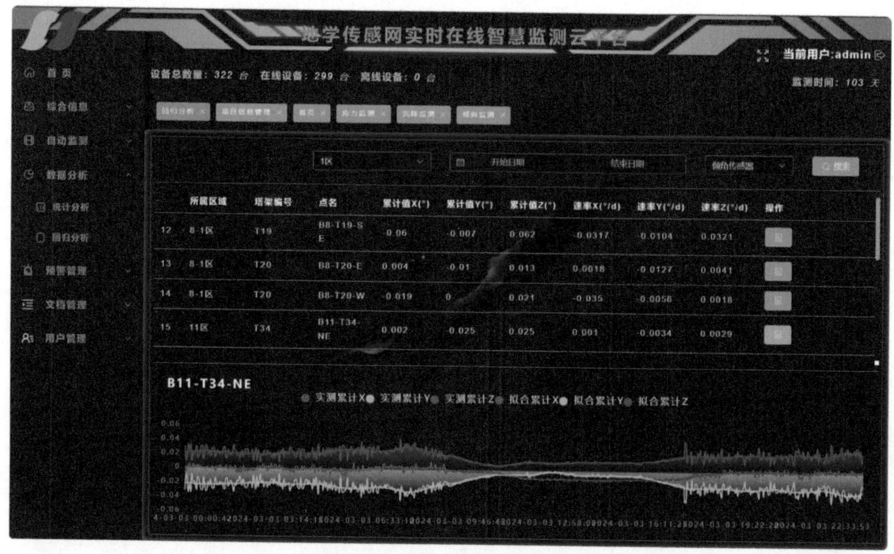

图 10-15　地学传感网智慧监测云平台主界面

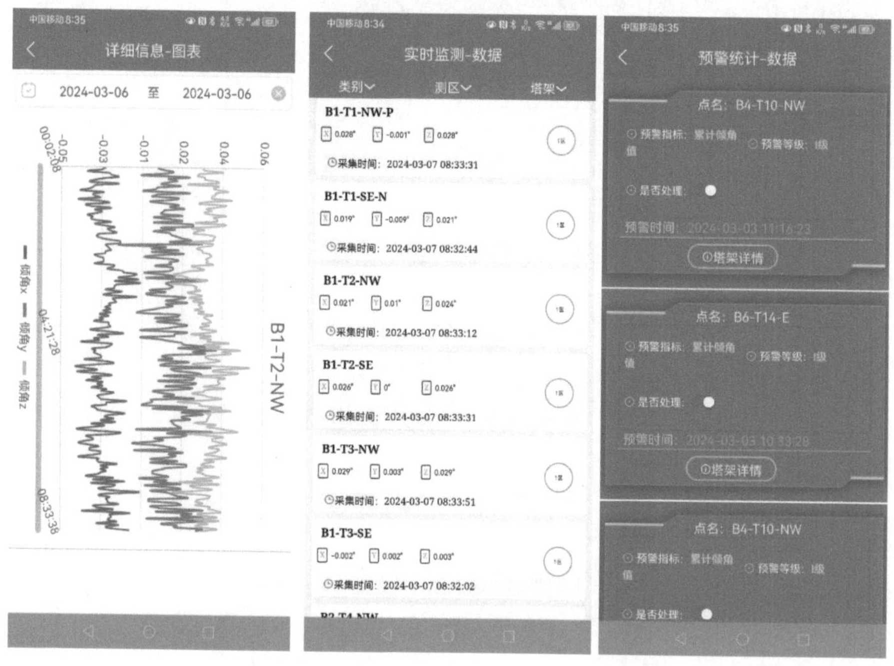

图 10-16　移动端智慧监测云平台操作界面

10.6　本章小结

建立一个 GeoNetWorks 自动化变形监测系统涉及多种技术方法，本章主要应用空间数据库技术结合 GIS 技术设计了与 GeoNetWorks 自动化监测系统相适应的监测数据处理软件原型系统架构，软件部分由基于 GP 下的智能变形数据近实时服务端处理程序和基于 GIS 组件的客户端可视化及 Web 端和移动端在线实时监测云平台组成。

参考文献

[1] WANG J M, YANG X Q. An automatic online disaster monitoring network:network architecture and a case study monitoring slope stability [J]. International journal of online engineering (IJOE),2018,14(3):4.

[2] LIU C, SHAO X H, LI W Y. Multi-sensor observation fusion scheme based on 3D variational assimilation for landslide monitoring[J]. Geomatics,natural hazards and risk,2019,10(1):151-167.

[3] ZHOU L H, DU G W, WANG R X, et al. A tensor framework for geosensor data forecasting of significant societal events[J]. Pattern recognition,2019,88(C):27-37.

[4] 黄声享,尹晖,蒋征. 变形监测数据处理[M]. 2 版. 武汉:武汉大学出版社,2010.

[5] WEISS G, BARTOŠ K, LABANT S, et al. The identification of incorrectly determined new points in established 2D Local Geodetic Network during deformation monitoring for environmental protection[J]. Journal of cleaner production,2018,170:789-796.

[6] WANG J M, ZHANG Y Z. Mine ground disaster monitoring based on geosensor networks[J]. International journal of online and biomedical engineering (IJOE),2015,11(1):52.

[7] 任月龙,李如仁,张信. 基于多传感器网的露天矿边坡形变监测[J]. 煤炭学报,2014,39(5):868-873.

[8] 张正禄,黄全义,文鸿雁,等. 工程的变形监测分析与预报[M]. 北京:测绘出版社,2007.

[9] 袁林果,丁晓利,陈武,等. 香港 GPS 基准站坐标序列特征分析[J]. 地球物理学报,2008,51(5):1372-1384.

[10] 周江文,欧吉坤. 拟稳点的更换:兼论自由网平差若干问题[J]. 测绘学报,1984,13(3):161-170.

[11] JONES D H, ROSE M. Measurement of relative position of Halley VI modules (MORPH): GPS monitoring of building deformation in dynamic regions[J]. Coldregions science and technology, 2015, 120: 56-62.

[12] XI R J, XIAO Y G, LIU X W, et al. Feasibility analysis of high-precision deformation monitoring using BeiDou navigation satellite system [C]//China Satellite Navigation Conference (CSNC) 2015 Proceedings: Volume I. Berlin, Heidelberg: Springer, 2015: 27-34.

[13] 张琳,李英芹,孙辉. 在线变形监测系统在露天煤矿中的应用[J]. 煤矿安全,2011,42(9):120-122.

[14] 廖文来,张君禄,胡汉林. 基于全球导航卫星系统的堤防变形监测系统及应用[J]. 水电能源科学,2012,30(6):128-131.

[15] KOMAC M, HOLLEY R, MAHAPATRA P, et al. Coupling of GPS/GNSS and radar interferometric data for a 3D surface displacement monitoring of landslides[J]. Landslides, 2015, 12(2): 241-257.

[16] 吴浩,黄创,张建华,等. GNSS/GIS 集成的露天矿高边坡变形监测系统研究与应用[J]. 武汉大学学报(信息科学版),2015,40(5):706-710.

[17] ROBERTS G W, BROWN C J, TANG X, et al. A Tale of Five Bridges; the use of GNSS for Monitoring the Deflections of Bridges[J]. Journal of applied geodesy, 2014, 8(4): 241-264.

[18] 肖杰. 自动化形变监测数据整体处理分析方法和应用[D]. 北京:中国科学院大学,2013.

[19] 李超,郝建新,文鸿雁,等. 变形监测数据的一种小波去噪法研究[J]. 测绘科学,2012,37(4):24-25.

[20] 李振,朱锋,陈家君. 基于小波变换的桥梁风振变形监测数据处理[J]. 测绘通报,2011(11):18-20.

[21] 白征东,汤晓禹,项伟. 建筑 GPS 变形监测中小波分析的应用[J]. 测绘通报,2014(S2):12-15.

[22] 王昶,随心,王旭. 利用分层阈值去噪法处理建筑物倾斜变形数据[J]. 辽宁工程技术大学学报(自然科学版),2015,34(11):1271-1274.

[23] 栾元重,栾亨宣,李伟,等. 桥梁变形监测数据小波去噪与 Kalman 滤波研究[J]. 大地测量与地球动力学,2015,35(6):1041-1045.

[24] 王建波,栾元重,许君一,等. 小波分析桥梁变形监测数据处理[J]. 测绘科学,2012,37(3):79-81.

[25] 程温鸣. 基于专业监测的三峡库区蓄水后滑坡变形机理与预警判据研究[D]. 武汉:中国地质大学,2014.

[26] 孙华芬. 尖山磷矿边坡监测及预测预报研究[D]. 昆明:昆明理工大学,2014.

[27] LEHMANN R. 3σ-rule for outlier detection from the viewpoint of geodeticadjustment[J]. Journal of surveying engineering, 2013, 139(4): 157-165.

[28] 杨校辉,朱彦鹏,周勇,等. 山区机场高填方边坡滑移过程时空监测与稳定性分析[J]. 岩石力学与工程学报,2016,35(S2):3977-3990.

[29] GRELLE G, GUADAGNO F M. Regression analysis for seismic slope instability based on a double phase viscoplastic sliding model of the rigid block[J]. Landslides, 2013, 10(5): 583-597.

[30] DAI W J, LIU B, DING X L, et al. Modeling dam deformation using independent component regression method[J]. Transactions of nonferrous metals society of China, 2013, 23(7): 2194-2200.

[31] 秦四清,王媛媛,马平. 崩滑灾害临界位移演化的指数律[J]. 岩石力学与工程学报,2010,29(5):873-880.

[32] LU Z G, ZHANG J D. Spatial and temporal analysis of pit deformation monitoring based on GIS[J]. Applied mechanics and materials, 2012, 239/240: 536-543.

[33] LENDA G, LIGAS M, LEWI ? SKA P, et al. The use of surface interpolation methods for landslides monitoring[J]. KSCEjournal of civil engineering, 2016, 20(1): 188-196.

[34] 刘志平,何秀凤,张淑辉. 多测度加权克里金法在高边坡变形稳定性分析中的应用[J]. 水利学报,2009,40(6):709-715.

[35] 朱吉祥,张礼中,周小元,等. Kriging 法在区域滑坡危险性评价中的应用[J]. 水文地质工程地质,2012,39(3):114-119.

[36] 徐爱萍,胡力,舒红. 空间克里金插值的时空扩展与实现[J]. 计算机应用,2011,31(1):273-276.

[37] 王建民,张锦,邓增兵,等. 时空 Kriging 插值在边坡变形监测中的应用[J]. 煤炭学报,2014,39(5):874-879.

[38] 李莎,舒红,徐正全. 利用时空 Kriging 进行气温插值研究[J]. 武汉大学学报(信息科学版),2012,37(2):237-241.

[39] KYRIAKIDIS P C,JOURNEL A G. Geostatistical space - time models:a review[J]. Mathematical geology,1999,31(6):651-684.

[40] DAI W,HUANG D,LIU B. A phase space reconstruction based single channel ICA algorithm and its application in dam deformation analysis [J]. Survey review,2015,47(345):387-396.

[41] 杨永超,李东辉. 回归分析模型在大坝变形监测中应用[J]. 地理空间信息,2011,9(6):136-138.

[42] STOJANOVIC B,MILIVOJEVIC M,IVANOVIC M,et al. Adaptive system for dam behavior modeling based on linear regression and genetic algorithms[J]. Advances inengineering software,2013,65:182-190.

[43] 王鹏,孟灵飞,李篷,等. 回归分析在建筑物变形监测中的应用[J]. 测绘科学,2013,38(2):187-188.

[44] 张俊中,宋蕾,张健雄. 多元回归分析模型在变形监测中的应用[J]. 河南工程学院学报(自然科学版),2009,21(3):22-25.

[45] ZHANG H S,CHEN S G. Deformation monitoring and regression analysis of surrounding rock during the construction of Zhegu Mountain Tunnel[C]//Civil Engineering and Urban Planning III. Boca Raton: CRC Press,2014:133-138.

[46] 凌同华,李品钰,张胜,等. 隧道监测数据回归分析模型选择与优化的灰色局势决策法[J]. 中外公路,2013,33(1):190-194.

[47] 陈晓鹏,张强勇,刘大文,等. 边坡变形统计回归分析模型及应用[J]. 岩石力学与工程学报,2008,27(S2):3673-3679.

[48] WANG Q J,WANG C C,XIE R A,et al. An improved SCGM(1,m) model for multi-point deformation analysis[J]. Geosciences journal, 2014,18(4):477-484.

[49] 尹晖. 时空变形分析与预报的理论和方法[M]. 北京:测绘出版社,2002.

[50] 夏自能. 边坡位移非线性时间序列的高斯过程预测方法[D]. 南宁:广西大学,2012.

[51] 高彩云,高宁. 基于时序 AR(p)-RBF 神经网络的变形建模与预测[J]. 测绘科学,2013,38(6):120-122.

[52] LIU H B,SUN Y Y,CHENG Y C,et al. The deformation prediction of foundation pit slope based on time series analysis[J]. Applied mechanics and materials,2011,80/81:516-520.

[53] 徐伟,何金平.基于多尺度小波分析的大坝变形自回归预测模型[J].武汉大学学报(工学版),2012,45(3):285-289.

[54] GAO J X,HU H,LIU F,et al. Signal extraction for GPS deformation monitoring in mining survey[J]. Transactions of nonferrous metals society of China,2014,24(12):3949-3954.

[55] WANG J,TAN X L,HAN H Z,et al. Short-term warning and integrity monitoring algorithm for coal mine shaft safety[J]. Transactions of nonferrous metals society of China,2014,24(11):3666-3673.

[56] SIMON D.最优状态估计:卡尔曼,H∞及非线性滤波[M].张勇刚,李宁,奔粤阳,译.北京:国防工业出版社,2013.

[57] 李鹏,宋申民,陈兴林.自适应平方根无迹卡尔曼滤波算法[J].控制理论与应用,2010,27(2):143-146.

[58] NIU J,XU C. Real-time assessment of the broadband coseismic deformation of the 2011 tohoku-oki earthquake using an adaptive Kalman filter [J]. Seismological research letters,2014,85(4):836-843.

[59] 贾萍.自适应卡尔曼滤波在变形监测数据处理中的应用研究[D].昆明:昆明理工大学,2012.

[60] YAN H,ZHANG L. The research of the grey system theory applied on buildings deformation monitoring[J]. Energy education science and technology part a:energy science and research,2014,32(6):6745-6748.

[61] 夏开宗,刘秀敏,陈从新,等.考虑突变理论的顺层岩质边坡失稳研究[J].岩土力学,2015,36(2):477-486.

[62] 王利,岳聪,舒宝,等.基于混沌时间序列的黄土滑坡变形预测方法及应用[J].地球科学与环境学报,2021,43(5):917-925.

[63] 谭衢霖,魏健,胡吉平.基于小波神经网络的建筑工程沉降变形预测[J].应用基础与工程科学学报,2015,23(3):629-636.

[64] 马兴峰,胡庆国,谭洁琼.基于GM(1,1)模型的高速公路边坡变形预测[J].公路工程,2012,37(5):68-69.

[65] WU H,DONG Y F,SHI W Z,et al. An improved fractal prediction model for forecasting mineslope deformation using GM (1,1)[J]. Structural health monitoring,2015,14(5):502-512.

[66] 张贵钢,杨志强,朱健.基于残差改正的动态GM(1,1)模型在公路边坡变形监测中的应用[J].测绘科学,2010,35(4):148-150.

[67] 杨华龙,刘金霞,郑斌. 灰色预测 GM(1,1)模型的改进及应用[J]. 数学的实践与认识,2011,41(23):39-46.

[68] 颜可珍,廖华容. 基于突变理论的路基边坡冲刷稳定性评价[J]. 长安大学学报(自然科学版),2011,31(2):29-32.

[69] 张安兵. 动态变形监测数据混沌特性分析及预测模型研究[D]. 徐州:中国矿业大学,2009.

[70] 薛锦春,李夕兵,刘志祥. 基于混沌理论的矿山边坡岩体变形规律与安全预警系统[J]. 中南大学学报(自然科学版),2013,44(6):2476-2481.

[71] TANG C M. Numerical simulation of progressive rock failure and associated seismicity[J]. International Journal of rock mechanics and mining sciences,1997,34(2):249-261.

[72] 张楠,王亮清,葛云峰,等. 基于因子分析的 BP 神经网络在岩体变形模量预测中的应用[J]. 工程地质学报,2016,24(1):87-95.

[73] 周奇才,范思遐,赵炯,等. 基于改进的支持向量机隧道变形预测模型[J]. 铁道工程学报,2015,32(3):67-72.

[74] LI S J,ZHAO H B,RU Z L. Deformation prediction of tunnel surrounding rock mass using CPSO-SVM model[J]. Journal of Central South University,2012,19(11):3311-3319.

[75] 邓勇,张冠宇,李宗春,等. 遗传小波神经网络在变形预报中的应用[J]. 测绘科学,2012,37(5):183-186.

[76] 姜振翔,徐镇凯,魏博文. 基于小波分解和支持向量机的大坝位移监控模型[J]. 长江科学院院报,2016,33(1):43-47.

[77] 江龙艳. 基于 PSO-BP 神经网络的边坡稳定性模型研究[J]. 有色金属(矿山部分),2013,65(6):53-57.

[78] 王建民,谢锋珠. MATLAB 与测绘数据处理[M]. 武汉:武汉大学出版社,2015.

[79] 刘全,翟建伟,章宗长,等. 深度强化学习综述[J]. 计算机学报,2018,41(1):1-27.

[80] SHEPHERD T,OWENIUS R. Gaussian process models of dynamic PET for functional volume definition in radiation oncology[J]. IEEE transactions on medical imaging,2012,31(8):1542-1556.

[81] CAI H S,JIA X D,FENG J S,et al. Gaussian Process Regression for numerical wind speed prediction enhancement[J]. Renewable energy,

2020,146:2112-2123.

[82] COLKESEN I,SAHIN E K,KAVZOGLU T. Susceptibility mapping of shallow landslides using kernel-based Gaussian process,support vector machines and logistic regression[J]. Journal of African earth sciences, 2016,118:53-64.

[83] BRAHIM-BELHOUARI S,BERMAK A. Gaussian process for nonstationary time series prediction[J]. Computational statistics & data analysis,2004,47(4):705-712.

[84] DANIEL F M,ERIC A,SIVARAM A,et al. Fast and scalable Gaussian process modeling with applications to astronomical time series[J]. The astronomical journal,2017,154(6):220.

[85] FYFE C,DER WANG T,CHUANG S J. Comparing Gaussian processes and artificial neural networks for forecasting[C]//Proceedings of the 9th Joint International Conference on Information Sciences (JCIS-06)","Advances in Intelligent Systems Research. January 1,1970. not available. Paris,France:Atlantis Press,2006.

[86] SUN S J,ZHONG P,XIAO H T,et al. Spatial contextual classification of remote sensing images using a Gaussian process[J]. Remote sensing letters,2016,7(2):131-140.

[87] FAUVEL M,BOUVEYRON C,GIRARD S. Parsimonious Gaussian process models for the classification of hyperspectral remote sensing images[J]. IEEEgeoscience and remote sensing letters,2015,12(12):2423-2427.

[88] HE P,LI S C,XIAO J,et al. Shallow Sliding Failure Prediction Model of Expansive Soil Slope based on Gaussian Process Theory and Its Engineering Application[J]. KSCEjournal of civil engineering,2018,22(5):1709-1719.

[89] 张研,苏国韶,燕柳斌. 隧洞围岩损失位移估计的智能优化反分析[J]. 岩土力学,2013,34(5):1383-1390.

[90] 王建民. 矿山边坡变形监测数据的高斯过程智能分析与预测[D]. 太原:太原理工大学,2016.

[91] 苏国韶,赵伟,彭立锋,等. 边坡失效概率估计的高斯过程动态响应面法[J]. 岩土力学,2014,35(12):3592-3601.

[92] 何志昆,刘光斌,赵曦晶,等.高斯过程回归方法综述[J].控制与决策,2013,28(8):1121-1129.

[93] RASMUSSEN C E,WILLIAMS C K I. Gaussian Processes for Machine Learning[M]. Cambridge:The MIT Press,2005.

[94] 於宗俦,李明峰.多维粗差的同时定位与定值[J].武汉测绘科技大学学报,1996,21(4):323-329.

[95] BAARDA W. A testing procedure for use in geodesy networks[J]. Netherland geodetic commission,1968,5(2):27-55.

[96] 邱卫宁,陶本藻,姚宜斌,等.测量数据处理理论与方法[M].武汉:武汉大学出版社,2008.

[97] 宋力杰,杨元喜.均值漂移模型粗差探测法与 LEGE 法的比较[J].测绘学报,1999,28(4):295-300.

[98] DING X,COLEMAN R. Multiple outlier detection by evaluating redundancy contributions of observations[J]. Journal of geodesy,1996,70(8):489-498.

[99] GUI Q,LI X,GONG Y,et al. A Bayesian unmasking method for locating multiple gross errors based on posterior probabilities of classification variables[J]. Journal of geodesy,2011,85(4):191-203.

[100] 王建民,张锦,苏巧梅.观测数据中的粗差定位与定值算法[J].武汉大学学报(信息科学版),2013,38(10):1225-1228.

[101] GE Y,YUAN Y,JIA N. More efficient methods among commonly used robust estimation methods for GPS coordinate transformation[J]. Surveyreview,2013,45(330):229-234.

[102] 杨元喜.抗差估计理论及其应用[M].北京:八一出版社,1993.

[103] 邱卫宁.具有稳健初值的选权迭代法[J].武汉大学学报(信息科学版),2003,28(4):452-454.

[104] LAW J,HAMPEL F R,RONCHETTI E M,et al. Robust statistics-the approach based on influence functions[J]. The statistician,1986,35(5):565.

[105] 葛永慧.再生权最小二乘法稳健估计[M].北京:科学出版社,2015.

[106] WANG J M. Locating and estimating multiple gross errors during coordinatetransformation[J]. Survey review,2015,47(345):458-465.

[107] 李博峰,沈云中.基于等效残差积探测粗差的方差-协方差分量估计

[J]. 测绘学报,2011,40(1):10-14.

[108] 王建民,倪福泽,赵建军.一种加权整体最小二乘估计的高效算法[J].同济大学学报(自然科学版),2021,49(5):737-743.

[109] 李德仁,袁修孝.误差处理与可靠性理论[M].2版.武汉:武汉大学出版社,2012.

[110] WANG J M. Locating and estimating multiple gross errors during coordinatetransformation[J]. Survey review,2015,47(345):458-465.

[111] WANG J,ZHAO J,LIU Z,et al. Location and estimation of multiple outliers in weighted total least squares[J]. Measurement,2021,181:109591. https://doi.org/10.1016/j.measurement.2021.109591.

[112] 武汉大学测绘学院测量平差学科组.误差理论与测量平差基础[M].3版.武汉:武汉大学出版社,2014.

[113] DU L,ZHANG H W,ZHOU Q Y,et al. Correlation of coordinate transformation parameters[J]. Geodesy and geodynamics,2012,3(1):34-38.

[114] 宋力杰,杨元喜.论粗差修正与粗差剔除[J].测绘通报,1999(6):5-6.

[115] KUTOGLU H S,AYAN T. The role of common point distribution in obtaining reliable parameters for coordinate transformation[J]. Applied mathematics and computation,2006,176(2):751-758.

[116] TAN Q M,LU N G,DONG M L,et al. Influence of geometrical distribution of common points on the accuracy of coordinate transformation [J]. Applied mathematics and computation,2013,221:411-423.

[117] 刘次华.随机过程及其应用[M].3版.北京:高等教育出版社,2004.

[118] 贺建军.基于高斯过程模型的机器学习算法研究及应用[D].大连:大连理工大学,2012.

[119] WILLIAMS C K I,BARBER D. Bayesian classification with Gaussian processes[J]. IEEE transactions on pattern analysis and machine intelligence,1998,20(12):1342-1351.

[120] OPPER M,ARCHAMBEAU C. The variational Gaussian approximation revisited[J]. Neural computation,2009,21(3):786-792.

[121] MINKA T P. A Family of Algorithms for Approximate Bayesian Inference[D]. Boston:Massachusetts Institute of Technology,2001.

[122] NEAL R M. Regression and classification using Gaussian processpri-

ors[C]//Bayesian Statistics 6. Oxford: Oxford University PressOxford,1999:475-502.

[123] SRAJ I,LE MAÎTRE O P,KNIO O M,et al. Coordinate transformation and Polynomial Chaos for the Bayesian inference of a Gaussian process with parametrized prior covariance function[J]. Computer methods in applied mechanics and engineering,2016,298:205-228.

[124] STEIN M L. Interpolation of Spatial Data[M]. New York: Springer,1999.

[125] MACKAY D J C. Neural networks and machine learning[C]//BISHOP C M. Introduction to Gaussian Processes. Dordrecht:Kluwer Academic,1998.

[126] WILLIAMS C K I,SEEGER M. Using the Nyström method to speed up kernel machines[C]//Proceedings of the 13th International Conference on Neural Information Processing Systems. 1 January 2000, Denver,CO. ACM,2000:661 - 667.

[127] WAHBA G. Spline models for observational data[M]. Philadelphia, Pa. :Society for Industrial and Applied Mathematics,1990.

[128] POGGIO T,GIROSI F. Networks for approximation and learning[J]. Proceedings of the IEEE,1990,78(9):1481-1497.

[129] SEEGER M,WILLIAMS C K I,LAWRENCE N D. Observations on the Nyström method for Gaussian process prediction[C]//Proc of the NIPS 12. Denver,2000:464-473.

[130] M S,WILLIAMS C K,LAWRENCE,N D. Fast forward selection to speed up sparse Gaussian process regression[C]//Proc of the 9th Int Workshop on Artificial Intelligence and Statistics. Vancouver,2005:643-650.

[131] 李新,程国栋,卢玲. 空间内插方法比较[J]. 地球科学进展,2000,15(3):260-265.

[132] 闫文帅. 基于高斯过程的地理时空数据插值模型及其应用[D]. 太原:太原理工大学,2022.

[133] 王建民,张锦. 基于高斯过程回归的变形智能预测模型及应用[J]. 武汉大学学报(信息科学版),2018,43(2):248-254.

[134] 王建民. 基于 Kriging 下的移动曲面拟合法研究[J]. 测绘科学,2012,37

(4):160-161.

[135] GETHING P, ATKINSON P, NOOR A, et al. A local space-time Kriging approach applied to a national outpatient malaria dataset[J]. Computers & geosciences, 2007, 33(10):1337-1350.

[136] AHMADI S H, SEDGHAMIZ A. Application and evaluation of Kriging and cokriging methods on groundwater depth mapping[J]. Environmental monitoring and assessment, 2008, 138(1):357-368.

[137] 吴学文,晏路明. 普通 Kriging 法的参数设置及变异函数模型选择方法:以福建省一月均温空间内插为例[J]. 地球信息科学, 2007, 9(3):104-108.

[138] DE CESARE L, MYERS D E, POSA D. Estimating and modeling space - time correlation structures[J]. Statistics & probability letters, 2001, 51(1):9-14.

[139] JOST G, HEUVELINK G B M, PAPRITZ A. Analysing the space - time distribution of soil water storage of a forest ecosystem using spatio-temporal Kriging[J]. Geoderma, 2005, 128(3/4):258-273.

[140] GETHING P, ATKINSON P, NOOR A, et al. A local space-time Kriging approach applied to a national outpatient malaria dataset[J]. Computers & geosciences, 2007, 33(10):1337-1350.

[141] 张仁铎. 空间变异理论及应用[M]. 北京:科学出版社, 2005.

[142] 赵建军. 公路边坡稳定性快速评价方法及应用研究[D]. 成都:成都理工大学, 2007.

[143] 李聪. 边坡变形与稳定性演化预测预警方法研究[D]. 武汉:武汉大学, 2011.

[144] 贺可强,阳吉宝,王思敬. 堆积层边坡位移矢量角的形成作用机制及其与稳定性演化关系的研究[J]. 岩石力学与工程学报, 2002, 21(2):185-192.

[145] 张倬元,王士天,王兰生,等. 工程地质分析原理[M]. 4 版. 北京:地质出版社, 2016.

[146] 王立伟,谢谟文,柴小庆. 滑坡变形空间评价的位移速率比方法研究[J]. 岩土力学, 2014, 35(2):519-528.

[147] 王家鼎,张倬元. 典型高速黄土滑坡群的系统工程地质研究[M]. 成都:四川科学技术出版社, 1999.

[148] 赵梅娟. GM(1,1)模型的改进及其应用[D]. 镇江:江苏大学,2005.

[149] 薄志毅. 露天煤矿边坡滑移变形预测理论及其应用研究[D]. 北京:中国矿业大学(北京),2009.

[150] 李晓晖,袁峰,白晓宇,等. 典型矿区非正态分布土壤元素数据的正态变换方法对比研究[J]. 地理与地理信息科学,2010,26(6):102-105.

[151] 张维铭,施雪忠,楼龙翔. 非正态数据变换为正态数据的方法[J]. 浙江工程学院学报,2000,17(3):204-207.

[152] 祝黎,冯震坤. 某钢结构输煤栈桥的空间计算[J]. 武汉大学学报(工学版),2010,43(S1):118-120.

[153] 张俊侻,韩腾飞,陈动. 钢桁架栈桥事故分析及处理[J]. 工业建筑,2021,51(12):107-112.

[154] 王立新,郭凰,杨佳宇,等. 无线通信在结构健康监测系统的应用研究综述[J]. 科学技术与工程,2023,23(6):2229-2241.

[155] WANG X P, ZHAO Q Z, XI R J, et al. Review of bridge structural health monitoring based on GNSS: from displacement monitoring to dynamic characteristic identification [J]. IEEEaccess, 2021, 9: 80043-80065.

[156] ZHOU J G, XIAO H L, JIANG W W, et al. Automatic subway tunnel displacement monitoring using robotic total station[J]. Measurement, 2020, 151: 107251.

[157] 廖继彪,吕伟荣,卢倍嵘,等. 基于两点测站的风力机塔筒倾斜测量方法研究[J]. 太阳能学报,2021,42(12):126-133.

[158] 杨永林,杨超,潘东峰,等. 利用三维激光扫描技术进行万寿寺塔变形监测[J]. 测绘通报,2020(5):119-122.

[159] BURMAN P. A comparative study of ordinary cross-validation, v-fold cross-validation and the repeated learning-testing methods [J]. Biometrika, 1989, 76(3): 503-514.

[160] 冯志,李兆平,李祎. 多变量灰色系统预测模型在深基坑围护结构变形预测中的应用[J]. 岩石力学与工程学报,2007,26(S2):4319-4324.

[161] NITTEL S, LABRINIDIS A, STEFANIDIS A. Geosensor Networks [M]. The Netherlands: Springer, 2008.

[162] 张晓祥. 地学传感器网络行业数据模型开发[EB/OL]. (2013-3-16) [2016-8-22]. http://blog. sina. com. cn/s/blog_643115fc0100osjl. ht-

ml.

[163] 张锦.矿山地面灾害精准监测地学传感网系统[J].地球信息科学学报,2012,14(6):681-685.

[164] 上海微系统与信息技术研究所.上海微系统所积极开展"泥石流监测与预警测试系统"研制工作[EB/OL].[2010-8-25]. http://www.cas.cn/xw/yxdt/201008/t20100825_2932271.shtml.

[165] 北京师范大学全球变化与地球系统科学研究院极区遥感数据发布中心.项目组研制的"极端环境无线传感器网络观测平台"在南极成功安装[EB/OL].[2011-1-2]. http://blog.sciencenet.cn/home.php?mod=space&uid=503171&do=blog&id=400241.

[166] CHEN W,TANG Z B,JIANG X R,et al. Design and implementation of monitoring and management system based on wireless sensor network hop estimation with the moving target Kalman prediction and Greedy-Vip[J]. Computer standards & interfaces,2014,36(2):327-334.

[167] NITTEL S. A survey of geosensor networks:advances in dynamic environmental monitoring[J]. Sensors,2009,9(7):5664-5678.

[168] PECI L M,BERROCOSO M,PÁEZ R,et al. IESID:automatic system for monitoring ground deformation on the Deception Island volcano (Antarctica)[J]. Computers & geosciences,2012,48:126-133.

[169] VANHATALO J,RIIHIMÄKI J,HARTIKAINEN J,et al. GPstuff:Bayesian modeling with Gaussian processes[J]. Journal of machine learning research,2013,14(1):1175-1179.